全国计算机技术与软件专业技术资格（水

系统集成
项目管理工程师

5 小时

学会考点速记法则

韦建召　李志霞　主编

中国水利水电出版社
www.waterpub.com.cn
·北京·

内 容 提 要

本书是针对全国计算机技术与软件专业技术资格（水平）考试而编写的备考辅导用书。本书根据系统集成项目管理工程师考试大纲编写，囊括了本考试常见的高频核心考点，对这些考点做了详细、全面的讲解，给出了相应的速记方法，并配以视频讲解！同时本书对案例题答题技巧也做了战略和战术上的剖析，并给出了应对方法。

本书是系统集成项目管理工程师考试应试者必读之书，也可作为信息化教育的培训与辅导用书，还可作为高等院校相关专业的教学与参考用书。

图书在版编目（CIP）数据

系统集成项目管理工程师5小时学会考点速记法则 /
韦建召，李志霞主编. -- 北京 ： 中国水利水电出版社，
2021.3
　　ISBN 978-7-5170-9468-5

　　Ⅰ．①系… Ⅱ．①韦… ②李… Ⅲ．①系统集成技术
－项目管理－自学参考资料 Ⅳ．①TP311.5-42

中国版本图书馆CIP数据核字(2021)第043146号

书　　　名	**系统集成项目管理工程师 5 小时学会考点速记法则** XITONG JICHENG XIANGMU GUANLI GONGCHENGSHI 5 XIAOSHI XUEHUI KAODIAN SUJI FAZE
作　　　者	韦建召　李志霞　主编
出 版 发 行	中国水利水电出版社 （北京市海淀区玉渊潭南路 1 号 D 座　　100038） 网址：www. waterpub. com. cn E - mail：sales@ waterpub. com. cn 电话：(010) 68367658（营销中心）
经　　　售	北京科水图书销售中心（零售） 电话：(010) 88383994、63202643、68545874 全国各地新华书店和相关出版物销售网点
排　　　版	中国水利水电出版社微机排版中心
印　　　刷	北京瑞斯通印务发展有限公司
规　　　格	184mm×260mm　16 开本　20.75 印张　492 千字
版　　　次	2021 年 3 月第 1 版　2021 年 3 月第 1 次印刷
印　　　数	0001—3000 册
定　　　价	**59.00 元**

凡购买我社图书，如有缺页、倒页、脱页的，本社营销中心负责调换

序

一直以来，绝大部分人把学习和考试混为一谈，认为学习好一定能考得好，其实不然。事实上，学习和考试是有本质的区别。会学习，不等于会考试；而会考试，则一定会学习。

参与学习，其身份是学生；参加考试，其身份是考生。考生和学生的最大差异就是面对题目时候的"思维方向"。思维和努力没关系，和智力关系亦不大，它是大多数人潜意识中认识事物的方式、看待问题的角度以及思考问题的途径。思维是可以点拨、可以训练的，俗话说就是"开窍"。对考题来说，与其研究为什么，不如研究如何做。到现在还在研究为什么这么做的，是个学生，开始研究做题方法、解题入手点的，才是考生。

绝大多数同学对考试的认识还远远不够，还停留在以"被迫吸收"的方式学习为主，"主动出击"的很少。考试的特性决定了你们不得不面对题海战术，因此，你们必须化被动接受知识的"学生"为主动参与考试的"考生"。仔细观察身边那些优秀的人，你们会发现，他们喜欢主动钻研学科（非知识，而是试题），并把钻研上升为一种兴趣，他们这种主动钻研的过程，其实就是从"学生"转变为"考生"的过程。

很简单，我们要真正站在考试的角度出发，思考这道题为什么要这么做。站在出题者的角度看问题，他问什么，你们回答什么，关注问题本身。

本书从考试的角度帮助考生归纳、总结知识点，并辅以特有的速记法则，让考生在有限的时间里掌握并记忆，以达到顺利通过考试的目的。

计算机技术与软件专业技术资格（水平）考试，计算题是极其重要的版块，很关键，也是难点，且它的本质就是考试！因此，你必须把思维转变过来方得以达到目标——通过考试！

特向广大考生推荐此书，因为它无疑是一本非常实用的考试之道！

西安理工大学自动化与信息工程学院博士、副教授
陕西省自动化学会教育及普及委员会委员

2021 年 2 月 10 日

于西安

前言

　　全国计算机技术与软件专业技术资格（水平）考试中的"系统集成项目管理工程师"是由中华人民共和国工业和信息化部、中华人民共和国人力资源和社会保障部联合举办的国家级考试，每年考两次，分别在 5 月下旬和 11 月上旬。近年来，每年全国都有 40 多万人参加考试，其中广东省有 14 余万人。俗话说，读书破万卷，下笔如有神！正常而言，要想顺利通过考试，唯有全面、系统地复习。该考试的备考时间一般是 6 个月左右。但是，大多数考生一边上班工作，一边抽零星的时间备考；甚至不少考生只有 2～3 个月的备考时间；更甚，有些考生工作忙，经常加班，根本没时间备考；还有一部分考生，平时无论如何都找不到学习状态，只有临考前的一两个星期才紧张起来。基于上述原因，本书诞生！

　　本书总结的高频核心考点曾助力不少考生短期内突击过关！速记方法是本书的一大特色。全书的配套视频时长约 13 小时，其中介绍速记方法的视频时长约 5 小时（非独立存在，渗透在配套视频当中）。在以往的面授课当中，这些速记方法深受学员好评！但是，让考生突击、抱佛脚并不是本书的初衷！本书的内涵应该是：以点带面，进而促使考生举一反三、触类旁通，在瞬息万变的环境当中以最优的时间成本达到自己的学习和考试目标。考生可以在全面复习的基础上，通过本书对重点知识进行再次巩固。

编者

2021 年 1 月

目录

序

前言

第一部分 信息化、信息系统、信息安全管理

第二部分　项　目　管　理

第三部分　进度和成本计算的基本概念与关键要点

第四部分　案例常见考点与答题技巧

第一部分

信息化、信息系统、信息安全管理

高频核心考点001~066

高频核心考点001：信息的概念、理论和观点

信息的概念		客观事物状态和运动特征的一种普遍形式。信息可以存在、产生、传递
信息的理论	本体论	事物的自我表述
	认识论	主体对事物的描述
	控制论	信息既不是物质也不是能量
香农（Claude E. Shannon）关于信息的观点		信息是"用以消除不确定性的东西"

高频指数 ★★★★★

速记方法

抓住关键词：状态、特征；自我表述；主体描述；不是物质，不是能量；消除不确定性。

注：凡是不确定的，那就不是信息。

真题再现

以下关于信息的表述，不正确的是（　　）。

A. 信息是对客观世界中各种事物的运动状态和变化的反映

B. 信息是事物的运动状态和状态变化方式的自我表述

C. 信息是事物普遍的联系方式，具有不确定性、不可量化等特点

D. 信息是主体对于事物的运动状态以及状态变化方式的具体描述

【参考答案及解析】C。不确定的，那就不是信息。

精彩讲解请扫描二维码观看。

高频核心考点 002：信息传输模型

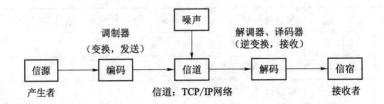

高频指数 ★★★★★

速记方法

抓住几个关键点：

（1）噪声对信道产生影响。

（2）常见的信道有 TCP/IP 网络。

（3）先编码后发送；先接收后解码。

（4）解，就是解开、翻译的意思，凡是含"解""译"的，都是解码器；除此之外，就是编码器。

真题再现

在信息传输模型中，（　　）属于译码器。

A. 压缩编码器

B. 量化器

C. 解调器

D. TCP/IP 网络

【参考答案及解析】C。解＝解开、翻译；因此，含有"译"的就是解码器。TCP/IP 网络是信道。

精彩讲解请扫描二维码观看。

高频核心考点 003：信息系统的特点

1. 目的性	发挥的作用
2. 可嵌套性	小系统能放到大系统
3. 稳定性	受到外部作用时，仍然能够保持
4. 开放性	可访问性，可被识别、被使用……
5. 脆弱性	与健壮性相反
6. 健壮性	鲁棒性（robustness）：受到干扰、输入错误、遭到入侵……时的抵御能力

高频指数 ★★★

速记方法

抓住关键特征：

稳定性，对应外部作用。

开放性，对应被访问、识别、使用。

鲁棒性，对应抵御能力。

鲁棒性和脆弱性是相对的，鲁棒性高＝脆弱性低，反之亦然。

真题再现

信息系统的（ ）决定了系统可以被外部环境识别，外部环境或者其他系统可以按照预定的方法使用系统的功能或者影响系统的行为。

A. 可嵌套性

B. 稳定性

C. 开放性

D. 健壮性

【参考答案及解析】C。含有被"识别""使用"的字眼，那就是开放性。

精彩讲解请扫描二维码观看。

高频核心考点 004：信息系统的组成

1. 硬件	
2. 软件	
3. 数据库	规范化的事实和信息的集合，是信息系统中最有价值和最重要的
4. 网络	
5. 存储设备	
6. 感知设备	含各种传感器、摄像头、RFID 等
7. 外设人员及规程	把数据处理成信息的规程

高频指数 ★★★★

速记方法

注意以下两点即可：

（1）数据库是规范化的事实和信息的集合，是信息系统中最有价值和最重要的部分之一。

（2）人员和规程也是信息系统的一部分。

真题再现

信息系统是一种以处理信息为目的的专门系统类型，组成部件包括软件、硬件、数据库、网络、存储设备、规程等。其中（　　）是经过机构化/规范化组织后的事实和信息的集合。

A. 软件

B. 规程

C. 网络

D. 数据库

【参考答案及解析】D。数据库是规范化的事实和信息的集合。

精彩讲解请扫描二维码观看。

高频核心考点 005：信息系统和软件的生命周期

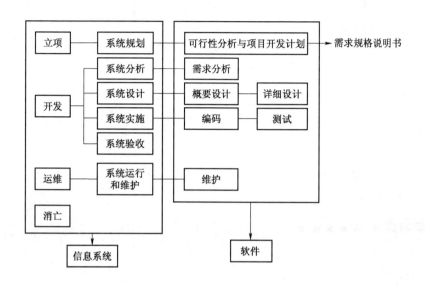

速记方法

这个图非常重要，是信息系统的框架所在，也是信息系统和项目管理的桥梁！务必熟记！

（1）从左到右记忆，左大右小。

（2）左大右小：信息系统大于软件，信息系统包含软件，软件是信息系统的一部分。

（3）信息系统与软件的生命周期是一一对应的关系。

（4）明确：立项的产物是需求规格说明书。

真题再现

信息系统的生命周期可以分为立项、开发、运维及消亡四个阶段，《需求规格说明书》在（ ）阶段形成。

A. 立项　　　　　　B. 开发　　　　　　C. 运维　　　　　　D. 消亡

【参考答案及解析】A。立项的产物是《需求规格说明书》。

精彩讲解请扫描二维码观看。

高频核心考点006：软件设计

1. 概要设计（总体设计）
(1) 总体设计。
(2) 架构设计。
(3) 方案设计。
2. 详细设计
(1) 代码设计。
(2) 数据库设计。
(3) 人/机界面设计。
(4) 处理过程设计。

高频指数 ★★★★★

速记方法

(1) 软件设计包括：概要设计和详细设计。
(2) 含"总体""架构""方案"等字眼的，就是概要设计（总体设计）；除此之外就是详细设计。

真题再现

系统方案设计包括总体设计和与各部分的详细设计，（　　）属于总体设计。

A. 数据库设计

B. 代码设计

C. 网络系统的方案设计

D. 处理过程设计

【参考答案及解析】C。含"方案"等字眼的，就是概要设计（总体设计）。

精彩讲解请扫描二维码观看。

高频核心考点 007：软件维护

1. 更正性维护	针对目前的问题和错误
2. 预防性维护	针对将来的问题和错误，在错误发生前，提前检测/预防/更正 或针对：未来的可维护性或可靠性，未来的改进
3. 适应性维护	针对后续的环境变化，如适应不同的操作系统和数据库
4. 完善性维护	针对功能和性能（增加或改善）和可维护性

高频指数 ★★★★★

速记方法

抓住关键特征：
（1）更正性：针对目前的问题和错误。
（2）预防性：针对将来的问题和错误（或其他含"未来的"字眼）。
（3）适应性：针对操作系统和数据库。
（4）完善性：针对功能和性能的增加。

真题再现

某软件系统进行升级，将某字段的长度由原先的 32 位增加到 64 位，这属于软件系统的（　　）。

　A. 适应性维护

　B. 纠错性维护

　C. 完善性维护

　D. 预防性维护

【参考答案及解析】A。首先，没有涉及问题和错误，所以排除 B 和 D；也没有涉及功能和性能的增加，所以排除 C；增加到 64 位是隐藏了将来能适应 64 位操作系统的需求。针对操作系统和数据库的，属于适应性维护。

精彩讲解请扫描二维码观看。

高频核心考点 008：信息化的层次

信息化有 5 个层次：

（1）产品信息化。

（2）企业信息化。

（3）产业信息化。

（4）国民经济信息化：使金融、贸易等形成一个大系统，使生产、流通、分配、消费形成整体。

（5）社会生活信息化：智慧城市、互联网金融等，提高人民生活和工作的质量。

高频指数 ★★★

速记方法

（1）5 个层次由小到大。

（2）注意国民经济信息化和社会生活信息化的区别：强调系统和整体的，属于国民经济范畴；强调生活和工作质量的，属于社会生活范畴。

（3）特别注意：互联网金融虽然含有"金融"的字眼，但是它属于社会生活信息化。

真题再现

信息化可分成产品信息化、企业信息化、产业信息化、国民经济信息化、社会生活信息化等不同层次。目前正在兴起的智慧城市、互联网金融等是（　　）的体现和重要发展发现。

A. 产品信息化

B. 产业信息化

C. 国民经济信息化

D. 社会生活信息化

【参考答案及解析】D。互联网金融虽然含有"金融"的字眼，但是它属于社会生活信息化。因为互联网金融是金融的具体应用形式，强调提高人民的生活和工作质量。

精彩讲解请扫描二维码观看。

信息化有 6 个基本内涵：

（1）主体：全体社会成员。

（2）时域：长期的过程。

（3）空域：一切领域。

（4）手段：生产工具。

（5）途径：生产力。

（6）目标：国家、社会和人民生活的全面提升。

高频指数 ★★★

速记方法

注意以下几点：

（1）关键词："全体""长期""一切"等很绝对的字眼。

（2）手段和途径的区别：手段是生产工具；途径是生产力。

真题再现

关于"信息化"的描述，不正确的是（   ）。

A. 信息化的手段是基于现代信息技术的先进社会生产工具

B. 信息化是综合利用各种信息技术改造、支撑人类各项活动的过程

C. 互联网金融是社会生活信息化的一种体现和重要发展方向

D. 信息化的主体是信息技术领域的从业者，包括开发和测试人员

【参考答案及解析】D。信息化的主体是全体社会成员。注意"全体""长期""一切"等很绝对的字眼。

精彩讲解请扫描二维码观看。

高频核心考点 010：国家级信息系统

（1）"两网"：政务内网和政务外网。

（2）"一站"：政府门户网站。

（3）"四库"（四个基础数据库）：

1）人口。

2）法人单位。

3）空间地理和自然资源。

4）宏观经济。

（4）"十二金"：金办、金宏、金税、金关、金财、金融监管、金审、金盾、金保、金农、金水、金质。

高频指数 ★

速记方法

（1）简称："两网""一站""四库""十二金"。

（2）能记住"两网"和"一站"即可。"两网"：政务内网和政务外网。"一站"：政府门户网站。

（3）政务内网：副省级以上。政务外网：业务专网。

真题再现

《国家信息化领导小组关于我国电子政务建设指导意见》中明确指出政务内网主要是（   ）以上政务部门的办公网，与其下属政务部门的办公网物理隔离。

A. 省级　　　　　　B. 副省级　　　　　　C. 市级　　　　　　D. 副市级

【参考答案及解析】B。政务内网主要是副省级以上政务部门的办公网，与副省级以下政务部门的办公网物理隔离。政务外网是政府的业务专网，主要运行政务部门面向社会的专业性服务业务。

精彩讲解请扫描二维码观看。

高频核心考点 011：国家信息化体系六要素

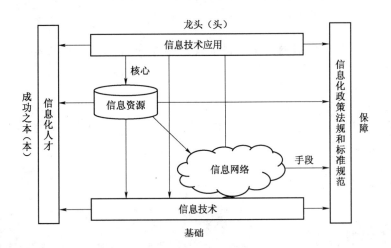

高频指数 ★★★★★

速记方法

结合图来记忆：

（1）六要素的位置：下、上、左、右、中间俩。

（2）记忆顺序：先下后上，先左后右，最后是中间俩。

（3）下—基础；上—头；左—本；右—保障；中间—核心和手段。

（4）技术是基础；应用是头；人才是本；法规是保障；资源是核心；网络是手段。

真题再现

国家信息化体系要素中，（　　）是国家信息化的主阵地，集中体现了国家信息化建设的需求和效益。

A. 信息技术应用　　B. 信息网络　　　　C. 信息资源　　　　D. 信息化人才

【参考答案及解析】A。根据题意理解，需求和效益应该是指应用，因为只有应用了才会产生效益，所以，主阵地是头，头就是应用。

精彩讲解请扫描二维码观看。

高频核心考点 012："十三五"重点发展的 新一代信息技术产业

在我国"十三五"规划纲要中，将下列内容作为新一代信息技术产业创新发展的重点：

（1）人工智能。

（2）移动智能终端。

（3）5G。

（4）先进传感器。

高频指数 ★★★

速记方法

抓住几个关键词即可："智能""先进""5G"。

真题再现

根据我国"十三五"规划纲要，（　　　）不属于新一代信息技术产业创新发展的重点。

A. 人工智能

B. 移动智能终端

C. 先进传感器

D. 4G

【参考答案及解析】D。前3个选项都包含了几个关键词："智能""先进"。

精彩讲解请扫描二维码观看。

高频核心考点 013：信息技术发展的总趋势

信息技术发展的总趋势：

（1）技术驱动发展模式。

（2）应用驱动与技术驱动相结合的模式。

高频指数 ★

速记方法

发展顺序：技术驱动→技术驱动和应用驱动结合。多了个"应用驱动"。

真题再现

下列说法中，（　　）是正确的。

A. 目前信息技术的发展趋势是技术驱动发展模式

B. 目前信息技术的发展趋势是应用驱动发展模式

C. 目前信息技术的发展趋势是应用驱动与技术驱动相结合的模式

D. 目前信息技术的发展趋势是应用驱动或技术驱动相结合的模式

【参考答案及解析】C。信息技术的发展总趋势是应用驱动与技术驱动相结合的模式。

精彩讲解请扫描二维码观看。

高频核心考点 014：电子政务

以下电子政务的 4 种类型都是在以云计算为基础的政府云上运行的，结合了云计算技术的特点。

（1）G2G：政府对政府。

（2）G2E：政府对公务员。

（3）G2B：政府对企业。

（4）G2C：政府对公众。

高频指数 ★★★★★

速记方法

（1）明确：以云计算为基础。

（2）G—政府；E—公务员；B—企业；C—公众；2—to，对应。

真题再现

电子政务类型中，属于政府对公众的是（　　）。

A. G2B

B. G2E

C. G2G

D. G2C

【参考答案及解析】D。G—政府；C—公众；2—to，对应。

精彩讲解请扫描二维码观看。

高频核心考点 015：企业信息化的结构

企业信息化的结构一般包括：
（1）产品（服务）层。
（2）作业层。
（3）管理层。
（4）决策层。

高频指数

速记方法

（1）按操作顺序倒推：产品—作业—管理—决策。
（2）产品需要作业才能得到；作业需要管理才能保障质量；管理需要决策之后才能进行。

真题再现

企业信息化结构不包括（　　）。
A. 数据层
B. 作业层
C. 管理层
D. 决策层
【参考答案及解析】A。产品需要作业才能得到；作业需要管理才能保障质量；管理需要决策之后才能进行。没有数据层。

精彩讲解请扫描二维码观看。

高频核心考点 016：产业信息化的特点

企业信息化是产业升级转型的重要举措之一，产业信息化是未来企业信息化继续发展的方向。产业信息化的特点如下：

(1) "两化深度融合"。

(2) "智能制造"。

(3) "互联网＋"。

高频指数 ★★

速记方法

(1) 抓住几个关键词："两化""智能""＋"。

(2) "两化"的含义：工业化、信息化。

(3) 工业化是基础，二者互动发展。

真题再现

我国工业化和信息化的深度融合，不正确的是（　　）。

A. 工业化是信息化的基础，两者并举互动，共同发展

B. 工业化为信息化的发展带来旺盛的市场需求

C. 信息化是当务之急，可以减缓工业化，集中实现信息化

D. 要抓住网络革命的机遇，通过信息化促进工业化

【参考答案及解析】C。不能等工业化完成后才开始信息化或停下工业化只搞信息化，二者要互动发展。

精彩讲解请扫描二维码观看。

高频核心考点 017："两化" 深度融合

"两化" 深度融合的主攻方向是智能制造。

制造过程智能化的体现是智能工厂、数字化车间。

高频指数 ★★★★★

速记方法

（1）抓住 "智能" 的字眼。

（2）信息化的目标其实就是 "智能化"。

真题再现

在重点领域试点建设智能工厂、数字化车间，加快人工智能交互、工业机器人、智能物能管理等技术在生产过程中的应用，属于制造工程（　　）。

A. 信息化

B. 智能化

C. 标准化

D. 工业化

【参考答案及解析】B。制造过程智能化是指：智能工厂、数字化车间。信息化的目标其实就是 "智能化"，抓住 "智能" 的字眼即可。

精彩讲解请扫描二维码观看。

高频核心考点 018：供应链管理（SCM）

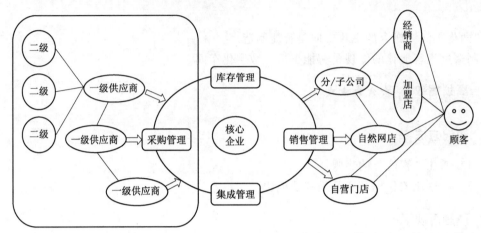

供应链管理是一种集成方法，包含"三流"，即：信息流、资金流和物流。供应商和企业之间存在信息的交流，采购需要资金，采购物料的输送涉及物流。同时，供应链管理还涉及 5 个层面：

（1）以客户为中心。

（2）集成化管理。

（3）扩展性管理。

（4）合作管理。

（5）多层次管理。

高频指数 ★★★

速记方法

（1）以客户为中心；"三流"指信息流、资金流和物流。

（2）"三流"倒着记：（货）物需要资金和信息才能获得，即物流—资金流—信息流。

真题再现

供应链管理是一种将正确数量的商品在正确的时间配送到正确地点的集成的管理思想和方法，评价供应链管理的最重要的指标是（ ）。

A. 供应链的成本　　　　　　　　B. 客户满意度

C. 供应链的响应速度　　　　　　D. 供应链的吞吐量

【参考答案及解析】B。供应链管理是以客户为中心的。最重要的指标就是客户满意度。

精彩讲解请扫描二维码观看。

高频核心考点 019：企业资源计划 （ERP）

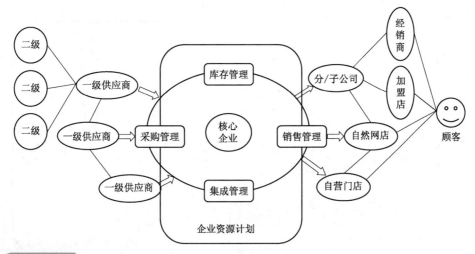

高频指数 ★★★★★

速记方法

（1）抓住 ERP 四个阶段的关键特征：

1）基本物料需求计划 MRP：根据物料生产。

2）闭环 MRP：根据市场和客户的需求进行生产。

3）MRPⅡ：M 的含义不同，这里的 M 是制造，不是物料。前二者的 M 才是物料。

4）ERP：包含整个供应链。

（2）知道 ERP 系统的功能（倒着记：人物生财，即有人有物，自然能生财）：

1）财会管理。

2）生产控制管理。

3）物流管理。

4）人力资源管理。

真题再现

与制造资源计划 MRPⅡ相比，企业资源计划 ERP 最大的特点是在制定计划时将

（　　）考虑在一起，延伸管理范围。

A. 经销商　　　　　B. 整个供应链　　　C. 终端用户　　　　D. 竞争对手

【参考答案及解析】B。ERP：包含整个供应链。

精彩讲解请扫描二维码观看。

高频核心考点 020：客户关系管理（CRM）

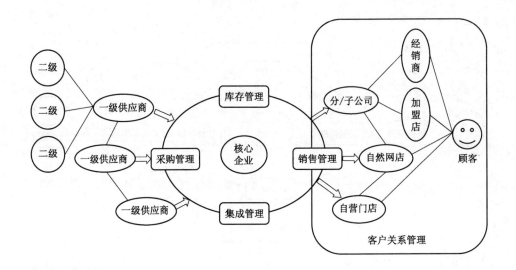

高频指数 ★★★★★

速记方法

（1）围绕客户转：以客户为中心；提高客户的满意度；业务的中心是客户。

（2）功能：自动化的销售、市场营销、客户服务（抓住两个字："销""服"）。

真题再现

（　　）不属于客户关系管理（CRM）系统的基本功能。

A. 自动化销售

B. 自动化项目管理

C. 自动化市场营销

D. 自动化客户服务

【参考答案及解析】B。抓住"销""服"两个字，就能记住关系管理（CRM）的功能："销"＝自动化的销售、市场营销；"服"＝客户服务。

精彩讲解请扫描二维码观看。

高频核心考点 021: 客户数据

1. 描述性数据	2. 促销性数据 (从企业的角度)
(1) 个人客户	用户产品使用情况调查数据
客户的姓名	促销活动记录数据
年龄	客服人员的建议数据
ID	广告数据
联系方式	

(2) 企业客户	3. 交易性数据 (从客户的角度)
企业的名称	购买记录数据
规模	投诉数据
联系人	请求提供咨询
法人代表	其他服务的相关数据
	客户建议数据

高频指数 ★★★★★

速记方法

抓住两个特征就能快速记住所有:

(1) 凡是从企业的角度 (企业是主语), 都是促销性数据, 因为企业促销。

(2) 凡是从客户的角度 (客户是主语), 都是交易性数据, 因为客户交易。

真题再现

客户关系管理 (CRM) 系统是以客户为中心设计的一套集成化信息管理系统, 系统中记录的客户购买记录属于 ( ) 客户数据。

A. 交易性

B. 描述性

C. 促销性

D. 维护性

【参考答案及解析】A。客户购买记录, 那是从客户的角度 (客户是主语), 凡是从客户的角度, 都是交易性数据, 因为客户交易。

精彩讲解请扫描二维码观看。

高频核心考点 022：电子商务

B2B	企业与企业（如：阿里巴巴）
B2C	企业与消费者（如：京东、当当、苏宁）
C2C	消费者与消费者（如：淘宝）
O2O	线上购买与线下消费相结合

高频指数 ★★★★★

速记方法

B—企业；C—消费者；O—线上或线下；2—to，对应。

真题再现

关于电子商务的描述，正确的是（　　）。

A. 团购网站、电话购物、网上书店属于现代电子商务概念

B. 某网站通过推广最新影讯信息及团购折扣活动促进影票销售，这种方式属于 O2O 模式

C. 某农产品在线交易网站，为某地区农产品公司和本地销售商提供线上交易和信息咨询等服务，这种方式属于 C2C 模式

D. 消费者之间通过个人二手物品在线交易平台进行交易，这种商务模式属于 B2C 模式

【参考答案及解析】B。O2O—线上与线下；A 错误，因为电话购物不属于现代电子商务；C 属于 B2B—企业与企业；D 属于 C2C—消费者与消费者。

精彩讲解请扫描二维码观看。

高频核心考点 023：商业智能（BI）

1. 组成
(1) 数据仓库
(2) 联机分析处理（OLAP）
（注意与 OLTP 的区别）
(3) 数据挖掘
(4) 数据备份和恢复
2. 核心
(1) 数据仓库
(2) 数据挖掘

3. 主要功能
(1) 数据仓库
(2) 数据 ETL：抽取、转换、装载
(3) 数据统计输出（报表）
(4) 分析功能
4. 实现的三个层次
(1) 数据报表
(2) 多维数据分析
(3) 数据挖掘

高频指数 ★★★★★

速记方法

(1) 组成部分：从仓库分析，分析之后挖掘，挖掘之后备份。
(2) 数据仓库和数据挖掘是核心。
(3) 功能有仓库；实现有挖掘。

真题再现

商业智能（BI）能够利用信息技术将数据转化为业务人员能够读懂的有用信息，辅助决策，它的实现方式包括三个层次，即（   ）。

A. 数据统计、数据分析和数据挖掘
B. 数据仓库、数据 ETL 和数据统计
C. 数据分析、数据挖掘和人工智能
D. 数据报表、多维数据分析和数据挖掘

【参考答案及解析】D。商业智能的考点需要死记硬背。

精彩讲解请扫描二维码观看。

高频核心考点 024：大数据的来源、概念、特点

1. 大数据的来源

大数据的来源包括网站浏览轨迹、各种文档和媒体、社交媒体信息、物联网传感信息、各种程应和 App 的日志文件等。

2. 大数据的概念

大数据是指无法在一定时间内用传统数据库软件工具对其内容进行抓取、管理和处理的数据集合（即：无法用传统方法在一定的时间内处理）。

3. 大数据的特点（5V）

大量（Volume）	数据量巨大
多样（Variety）	数据类型繁多
价值（Value）	价值密度低；应用价值高
高速（Velocity）	处理速度快
真实性（Veracity）	来自各种网络终端的行为或痕迹

高频指数 ★★★★★

速记方法

5V 的特点是大量、多样、价值、高速、真实性。需要理解的是价值和高速。

（1）价值：价值密度低（大量的数据才能产生价值，故密度低）、应用价值高（大数据是大财富）。

（2）高速：数据量大，需要处理速度快，如果需要处理几百年，那大数据就没意义了。

真题再现

Big data can be described by four characteristies：volume，variety，velocity and veracity.（　）refers to the quantity of generated and stored data.

A. Volume   B. Variety   C. Velocity   D. Veracity

【参考答案及解析】A。新一代信息技术（大数据、云计算、物联网等）经常考英文试题。本题翻译如下：大数据可以用四个特征来描述：大量，多样，高速和真实。（　）指生成和存储数据的数量。

A. 大量   B. 多样   C. 高速   D. 真实

精彩讲解请扫描二维码观看。

高频核心考点 025：大数据的关键技术

技术	存 储 技 术		管 理 技 术
	存 储	存 储 管 理	分 析 技 术
名称	GFS； HDFS	BigTable； Hbase	MapReduce； Hadoop‐MapReduce
备注	属于文件系统	属于非关系型数据库系统	是一种编程模型，用于分析运算

注 Chukwa 构建在 Hbase 和 MapReduce 框架之上，属于数据收集系统，用于展示、监控、分析数据。

高频指数 ★★★★★

速记方法

（1）用文件存储；以 FS 结尾的都是文件。
（2）用数据库存储管理；以 Table 和 Base 结尾的都是数据库。
（3）用编程模型分析；以 Reduce 结尾的都是编程模型。
（4）存储和存储管理归类到存储技术；分析技术归类到管理技术。

真题再现

大数据存储技术首先需要解决的是数据海量化和快速增长需求，其次处理格式多样化的数据，谷歌文件系统（GFS）和 Hadoop 的（　　）奠定了大数据存储技术的基础。

A. 分布式文件系统
B. 分布式数据库系统
C. 数据库系统
D. 数据分析系统

【参考答案及解析】A。以 FS 结尾的都是文件（系统）；用文件（系统）存储。

精彩讲解请扫描二维码观看。

高频核心考点 026：云计算的特点

1. 动态	动态申请计算、存储和应用
2. 虚拟化	无需了解具体服务器在哪里
3. 高可扩展性	满足应用和用户规模增长的需要
4. 超大规模	几百上千台至上百万台服务器
5. 高可靠性	多副本容错
6. 通用性	千变万化的应用
7. 按需服务	用户按需购买
8. 极其廉价	自动化集中管理降低了成本
9. 潜在的危险性	掌握在垄断企业手中

高频指数 ★★★★★

速记方法

按照上表的注释理解即可。

真题再现

"云"是一个庞大的资源池，可以像自来水、电、煤气那样根据用户的购买量进行计费，这体现了"云"的（　　）特点。

A. 高可扩展性

B. 通用

C. 按需服务

D. 高可靠性

【参考答案】C。

精彩讲解请扫描二维码观看。

高频核心考点 027：云计算的 3 个服务层次

服务层次	IaaS	PaaS	SaaS
含义	基础设施即服务	平台即服务	软件即服务
特点	提供基础服务： 虚拟主机和存储	提供平台服务： 操作系统和数据库	提供各种 应用软件服务
例子	阿里云	各种 Engine	淘宝

高频指数　★★★★★

速记方法

【方法 1】

抓住关键特征，即 I—存储；P—平台（操作系统和数据库）；S—软件。

【方法 2】

IaaS：I＝爱＝存储，你爱存储钱财。

PaaS：P＝怕＝平台（操作系统和数据库），你很害怕手机平台（操作系统和数据库）崩溃，从而导致很多漂亮照片丢失。

SaaS：S＝杀＝软件，杀毒软件。

真题再现

在云计算服务类型中，（　　）向用户提供虚拟数据的操作系统、数据库管理系统、Web 应用系统等服务。

A. IaaS　　　　B. DaaS　　　　C. PaaS　　　　D. SaaS

【参考答案及解析】C。【方法 1】P—平台（操作系统和数据库）；【方法 2】P＝怕＝平台（操作系统和数据库），你很害怕手机平台（操作系统和数据库）崩溃，从而导致很多照片丢失。

精彩讲解请扫描二维码观看。

高频核心考点 028：物联网的概念和应用

从独立计算到互联网再到物联网的演变见下图。

高频指数 ★★★

速记方法

（1）物联网的演变：计算机独立计算→人与人通过网络交互→物物、人与物通过网络交互。

（2）物联网不能独立存在，而是在互联网基础之上的应用，并且是智能型应用。

真题再现

以下对物联网的描述不正确的是（　　　）。

A. 物联网即"物物相联之网"

B. 物联网是一种物理上独立存在的完整网络

C. 物联网的"网"应和通信介质、通信拓扑结构无关

D. 物联网从架构上可以分为感知层、网络层和应用层

【参考答案及解析】B。物联网不是一种物理上独立存在的完整网络，而是架构在互联网基础上的智能型应用。

精彩讲解请扫描二维码观看。

高频核心考点 029：物联网的 3 层架构

物联网
应用层

绿色农业　工业监控　公共安全　城市管理　远程医疗　智能家居　智能交通　　环境

物联网
网络层

 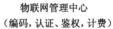

2G网络　　物联网管理中心　　3G网络　　物联网信息中心　　4G网络
　　　　（编码，认证、鉴权，计费）　　　　（信息库、计算能力集）

物联网
感知层

 M2M终端　　 传感器网关　　 传感器网关

条码　RFID　传感器　摄像头
识读器　读写器　　　　　　　传感器网络　　　　　　传感器网络

高频指数　★★★★★

速记方法

明确每层架构都包含什么：
（1）应用层：各种应用。
（2）网络层：2G、3G、4G、5G 等网络。
（3）感知层：摄像头、传感器、条码、RFID。

真题再现

RFID 射频识别技术多应用于物联网的（　　）。

A. 感知层　　　　　B. 网络层　　　　　C. 应用层　　　　　D. 传输层

【参考答案及解析】A。感知层包含摄像头、传感器、条码、RFID 等。

精彩讲解请扫描二维码观看。

高频核心考点 030：物联网的关键技术

1. 产品和传感器自动识别技术	条码、RFID、传感器等
2. 无线传输技术	WLAN、Bluetooth、ZigBee、UWB
3. 自组织组网技术和中间件技术	

高频指数 ★★★★★

速记方法

（1）归类为：识别技术、传输技术、组网技术和中间件技术。

（2）（死记）识别技术：条码、RFID、传感器。（这些识别技术是应用于物联网的感知层）

（3）（死记）传输技术：WLAN、Bluetooth、ZigBee、UWB。

真题再现

在物联网的关键技术中，射频识别技术（RFID）是一种（　　）。

A. 信息采集技术

B. 无线传输技术

C. 自组织组网技术

D. 中间件技术

【参考答案及解析】A。RFID首先属于感知层，其次是一种识别技术，而识别＝识别信息＝采集信息，所以，RFID属于采集技术。

精彩讲解请扫描二维码观看。

高频核心考点 031：移动互联网的新特征

移动互联网有以下新特征：

（1）接入移动性。

（2）时间碎片性。

（3）生活相关性。

（4）终端多样性。

由此可知，移动互联网并不是传统互联网应用的简单复制和移植。

高频指数 ★

速记方法

移动互联网并不是传统互联网应用的简单复制和移植。

真题再现

下列说法中，（   ）是错误的。

A. 移动互联网的接入方式是移动性的，并且时间上具有碎片性的特征

B. 移动互联网其实就是传统互联网应用的复制和移植

C. 移动互联网跟生活紧密相关

D. 移动互联网的终端是多种多样的

【参考答案及解析】B。移动互联网并不是传统互联网应用的简单复制和移植。

精彩讲解请扫描二维码观看。

高频核心考点 032：移动互联网的关键技术

移动互联网的关键技术：

（1）SOA：面向服务的架构（粗粒度、松耦合）。

（2）Web2.0。

（3）HTML5。

（4）Android。

（5）iOS。

（6）Windows Phone（微软手机操作系统）。

（7）HarmonyOS（鸿蒙，基于微内核的全场景分布式操作系统，华为研发）。

高频指数 ★★★★★

速记方法

特别注意：

（1）SOA＝面向服务的架构（粗粒度、松耦合）。

（2）Windows Phone＝微软手机操作系统。

（3）HarmonyOS＝鸿蒙，华为研发。

真题再现

移动互联网是一种通过智能移动终端，采用移动无线通信方式获取业务和服务的新兴业务，其主流操作系统开发平台不包括（　　）。

A. Android

B. unix

C. IOS

D. Windows Phone

【参考答案】B。

精彩讲解请扫描二维码观看。

高频核心考点 033：Web 1.0 和 Web 2.0 的区别

项　　目	Web 1.0	Web 2.0
页面风格	结构复杂，页面烦冗	页面简洁，风格流畅
个性化程度	垂直化，大众化	个性化，突出自我品牌
用户体验程度	低参与度，被动接受	高参与度，互动接受
通信程度	信息闭塞，知识程度低	信息灵通，知识程度高
感性程度	追求物质性价值	追求精神性价值
功能性	实用，追求功能性利益	体验，追求情感性利益

高频指数 ★★★★★

速记方法

抓住 Web 2.0 的几个关键特征：个性化、精神性、情感性。

真题再现

相对于 Web 1.0 来说，Web 2.0 具有多种优势，（　　）不属于 Web 2.0 的优势。

A. 页面简洁、风格流畅

B. 个性化、突出自我品牌

C. 用户参与度高

D. 更加追求功能性利益

【参考答案及解析】D。更加追求情感性利益。

精彩讲解请扫描二维码观看。

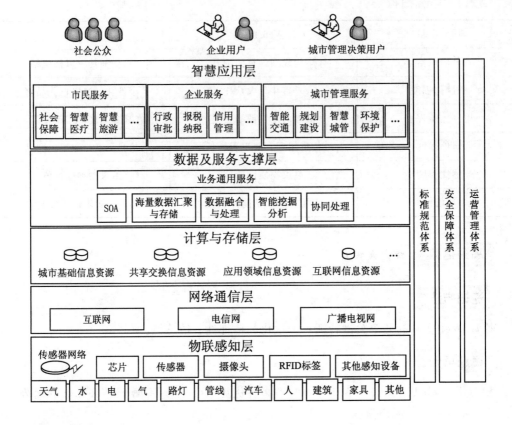

高频指数 ★★★★★

速记方法

（1）重点记住，物联感知层包含摄像头、传感器、RFID 等（跟物联网的感知层一样）。

（2）支撑体系记住 3 个关键词：标准、安全、运营（口诀：有了标准，才能安全运营）。

真题再现

智慧城市建设参考模型包括有依赖关系的 5 层结构、对建设有约束关系的 3 个支撑体系，5 层结构包括物联感应层、通信网络层、计算与储存层、数据及服务支撑层、智慧应用层；3 个支撑体系除了建设和运营管理体系、安全保障体系之外还包括（   ）。

A. 人员自愿调配体系　　　　　B. 数据管理体系

C. 标准规范体系　　　　　　　D. 技术研发体系

【参考答案及解析】C。速记：有了标准，才能安全运营。本题有了安全和运营，唯独缺"标准"。

精彩讲解请扫描二维码观看。

高频核心考点 035：信息系统监理的"四控、三管"

1．"四控"

（1）信息系统工程的质量控制。

（2）信息系统工程的进度控制。

（3）信息系统工程的投资控制。

（4）信息系统工程的变更控制。

2．"三管"

（1）信息系统工程的合同管理。

（2）信息系统工程的信息管理。

（3）信息系统工程的安全管理。

高频指数 ★★★

速记方法

（1）"四控"："只""进"行"投"资"变"更（只＝质＝质量）。

（2）"三管"：要保证"合同""信息"的"安全"。

真题再现

信息系统工程监理活动的主要内容被概括为"四控、三管、一协调"，以下选项中不属于"四控"的是信息系统工程的（　　）。

A．质量控制

B．进度控制

C．安全控制

D．变更控制

【参考答案及解析】C。速记，"四控"："只""进"行"投"资"变"更（只＝质＝质量）。

精彩讲解请扫描二维码观看。

高频核心考点 036：ITSS 的四大要素和生命周期

（1）四大要素：流程、人员、技术、资源。

（2）生命周期：规划设计—部署实施—服务运营—持续改进—监督管理。

高频指数 ★★★★★

速记方法

（1）四大要素：妇产科的人流术需要资源（人＝人员；流＝流程；术＝技术）。

（2）生命周期：规划—实施—运营；改进和监督渗透到前 3 个阶段。

真题再现

信息技术服务标准（ITSS）规定了 IT 服务的组成要素和生命周期，IT 服务生命周期由规划设计、部署实施、服务运营、持续改进、（　　　）五个阶段组成。

A. 二次规划设计

B. 客户满意度调查

C. 项目验收

D. 监督管理

【参考答案及解析】D。速记生命周期：规划—实施—运营；改进和监督渗透到前 3 个阶段。

精彩讲解请扫描二维码观看。

高频核心考点 037：ITSS 和 ITSM 的对比

名 称		ITSS	ITSM
不同点	含义	信息技术服务标准	信息技术服务管理
	要素	流程、人员、技术、资源	过程、人员、技术
共同点		都跟信息技术服务相关	

高频指数 ★★★

速记方法

（1）二者都有人流术，ITSS 多了个资源。

（2）人＝人员；流＝流程＝过程；术＝技术。

真题再现

信息技术服务标准（ITSS）中，IT 服务的核心要素指的是（   ）。

A. 工具、技术、流程、服务

B. 人员、过程、技术、资源

C. 计划、执行、检查、纠正

D. 质量、成本、进度、风险

【参考答案及解析】B。四大要素：妇产科的人流术需要资源（人＝人员；流＝流程；术＝技术）。

精彩讲解请扫描二维码观看。

高频核心考点 038：信息系统审计

（1）审计的概念：保护资产，维护数据完整，完成组织目标，同时最经济地使用资源。

（2）审计的内容（审计的关注之处）：保密性、完整性、可用性。

（3）审计的组成部分：

1）信息系统的管理、规划与组织。

2）信息系统技术基础设施与操作实务。

3）资产的保护。

4）灾难恢复与业务持续计划。

5）应用系统开发、获得、实施与维护。

6）业务流程评价与风险管理。

（4）审计的依据和原则：ISACA 公告、ISACA 职业准则、ISACA 道德规范。

高频指数 ★★

速记方法

（1）概念和内容都有保密性、完整性、可用性。

（2）组成部分都是比较具体的、小层面的内容。

（3）原则都包含 ISACA 的字眼。

真题再现

（　　）不属于信息系统审计的主要内容。

A．信息化战略 　　　　　　　　　　B．资产的保护

C．灾难恢复与业务持续计划 　　　　D．信息系统的管理、规划

【参考答案及解析】A。审计的组成部分都是比较具体的、小层面的内容；而信息化战略是大层面。

精彩讲解请扫描二维码观看。

高频核心考点 039：信息系统的开发方法

开发方法	结构化方法	原型法	面向对象方法
含义	一步步，分阶段，按顺序	先弄个简单的，边做边改	重复引用，模块化、共享
特点	整体性和全局性强	动态响应，逐步纳入	使用同一套工具
缺点	周期长，烦琐，效率低	不能单独用，要跟其他方法结合	

注 在实际的系统开发当中，往往是将多种方法组合应用。

高频指数 ★★★★★

速记方法

抓住关键特征：

（1）结构化＝按顺序。

（2）原型法＝边做边改。

（3）面向对象＝模块化共享。

真题再现

用户需求在项目开始时定义不清，开发过程密切依赖用户的良好配合，动态响应用户的需求，通过反复修改来实现用户的最终系统需求，这是（　　）的主要特点。

A. 蒙特卡罗法

B. 原型法

C. 面向对象方法

D. 头脑风暴法

【参考答案及解析】B。反复修改＝边做边改＝原型法。

精彩讲解请扫描二维码观看。

高频核心考点 040：软件需求分析的作用

（1）软件需求：是对（待解决的）问题特性的描述。（"需求"必须可以被验证）

（2）需求分析（的作用）：

1）检测和解决需求之间的冲突。

2）发现系统的边界。

3）描述出系统的需求。

高频指数 ★★★★★

速记方法

简化法：需求分析的作用是检测冲突—发现边界—描述需求。

真题再现

项目经理在需求调研的过程中，应尽可能地多了解客户的需求，并对需求进行分析，其做需求分析的目的一般不包括（　　）。

A. 检测和解决需求之间的冲突

B. 定义潜在的风险

C. 发现软件的边界，以及软件与其环境如何交互

D. 详细描述需求分析，以导出软件需求

【参考答案及解析】B。简化法记忆：需求分析的作用是检测冲突—发现边界—描述需求。

精彩讲解请扫描二维码观看。

高频核心考点 041：软件质量管理的过程

软件质量管理过程：

（1）软件质量保证。

（2）验证与确认。

1）验证：软件产品被正确构造。

2）确认：构造了正确的软件产品。

（3）评审与审计。

1）评审：监控进展，评价管理方法的有效性。

2）审计：对于正式组织的活动，识别违例，采取更正行动。

高频指数 ★★★

速记方法

注意验证和确认的区别：

（1）验证：针对过程（做事的过程符合规范，关键词是规范。验证＝过程＝规范）。

（2）确认：针对结果（做事的结果符合目的，关键词是目的。确认＝结果＝目的）。

真题再现

软件质量管理过程由许多活动组成，"确保活动的输出产品满足活动的规范说明"是（　　）活动的目标。

A. 软件确认

B. 软件验证

C. 技术评审

D. 软件审计

【参考答案及解析】B。题干里有"规范"的字眼。验证：针对过程（做事的过程符合规范，关键词是规范。验证＝过程＝规范）。

精彩讲解请扫描二维码观看。

高频核心考点 042：面向对象的重要概念

1. 对象的三要素

（1）对象标识（比如：姓名）。

（2）对象状态（比如：年龄、职业）。

（3）对象行为（比如：具体的动作）。

2. 类和对象的关系

模板—实例；人类—具体某个人；图纸—现实中的楼房。

3. 其他概念

（1）封装：组成单元模块，通过名称来引用。

（2）继承：类之间的层次关系。

（3）多态：同一操作，有不同的实现。

高频指数 ★★★★★

速记方法

类大于对象。多态的关键词：同一操作、不同实现。

真题再现

关于对象、类、继承、多态的描述，不正确的是（　　）。

A. 对象包含对象标识、对象状态和对象行为三个基本要素

B. 类是对象的实例，对象是类的模板

C. 继承是表示类之间的层次关系

D. 多态使得同一个操作在不同类中有不同的实现方式

【参考答案及解析】B。类大于对象（模板大于实例）。多态的关键词：同一操作、不同实现。

精彩讲解请扫描二维码观看。

高频核心考点 043：软件架构的特点和典型应用

软 件 架 构 模 式	特　　点	典 型 应 用
管道/过滤器	每组都有输入输出；黑盒子	批处理系统
面向对象	基于组件	基于组件的软件开发
事件驱动	触发一个或多个事件，调用其他组件	图形界面应用
分层	每一层都为上一层服务	ISO/OSI 七层网络模型
客户/服务器	基于资源不对等，为实现共享而提出	C/S；B/S；多层 C/S

注　各种架构可以综合使用。

高频指数　★★★★★

速记方法

归纳对比法，根据上表记住各种架构的特点和典型应用。

真题再现

在典型的软件架构模式中，（　　　）模式是基于资源不对等、为实现共享而提出的。

A. 管道/过滤器

B. 事件驱动

C. 分层

D. 客户/服务器

【参考答案及解析】D。题干里有"资源不对等"，则是客户/服务器模式。

精彩讲解请扫描二维码观看。

高频核心考点 044：软件中间件

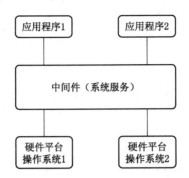

中间件（Middleware）是位于硬件、操作系统等平台和应用之间的通用服务，解决了分布系统的异构问题。

高频指数 ★★★★★

速记方法

抓住 3 个关键词即可：平台、应用、异构。

真题再现

软件三层架构中，（ ）是位于硬件、操作系统等平台和应用之间的通用服务，用于解决分布系统的异构问题，实现应用与平台的无关性。

A. 服务器

B. 中间件

C. 数据库

D. 过滤器

【参考答案及解析】B。中间件抓住 3 个关键词即可：平台、应用、异构。

精彩讲解请扫描二维码观看。

高频核心考点 045：中间件的类型和应用

中 间 件 的 类 型	典 型 技 术 或 产 品
数据库访问中间件	ODBC；JDBC
远程过程调用中间件	RPC：服务器和客户
面向消息中间件	MQSeries
分布式对象中间件	CORBA；RMI/EJB；DCOM
事务中间件	Tuxedo；JavaEE 应用服务器

高频指数 ★★★★★

速记方法

归纳对比法，按照上表记住各种类型的常用中间件名称。

真题再现

中间件有多种类型，IBM 的 MQSeries 属于（　　）中间件。

A. 面向消息

B. 分布式对象

C. 数据库

D. 事务

【参考答案及解析】A。MQSeries 属于面向消息的中间件。

精彩讲解请扫描二维码观看。

高频核心考点 046：数据仓库的构成

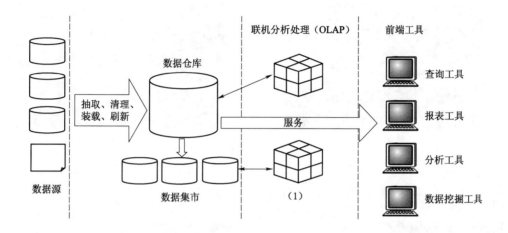

高频指数 ★★★★★

速记方法

（1）构成：数据源、数据集市、联机分析处理、前端工具。
（2）联机分析处理是 OLAP，而不是 OLTP。

真题再现

数据仓库是一个面向主题的、集成的、相对稳定的、反映历史变化的数据集合，用于支持管理决策，其系统结构如上图所示。图中（1）应为（　　）。

A. 中心数据服务器
B. OLTP 服务器
C. OLAP 服务器
D. 决策应用服务器

【参考答案及解析】C。联机分析处理是 OLAP，而不是 OLTP。

精彩讲解请扫描二维码观看。

高频核心考点 047：数据仓库和数据库的区别

粮食仓库

水库

数 据 仓 库	数 据 库
相对稳定	动态变化
随着时间变化（时变），但是变化慢	随着时间变化（灵活），变化很快
历史数据的集成，只增加，不修改	不断地修改/更新
数据源复杂/异构	数据源相对比较单一
着重分析，面向决策	着重操作，面向事务
工具：OLAP（联机分析处理）	工具：OLTP（联机事务处理）

高频指数 ★★★★★

速记方法

形象对比法：数据仓库⇔粮食仓库；数据库⇔水库。

真题再现

以下关于数据仓库与数据库的叙述中，（   ）是正确的。

A. 数据仓库的数据复杂，适合操作计算；而数据库的数据结构比较简单，适合分析

B. 数据仓库的数据是历史的、归档的、处理过的数据；数据库的数据反映当前的数据

C. 数据仓库中的数据使用频率较高；数据库中的数据使用频率较低

D. 数据仓库中的数据是动态变化的，可以直接更新；数据库中的数据是静态的，不能直接更新

【参考答案及解析】B。数据仓库—分析，数据库—操作，所以 A 错；数据库使用频率高于数据仓库，所以 C 错；数据库的数据是动态可更新的，所以 D 错。

精彩讲解请扫描二维码观看。

高频核心考点 048：OSI 七层模型及其功能

应用层	是各种事务的处理程序
表示层	充当翻译官、数据格式化、解密加密、转换以及文本压缩
会话层	负责在网络中的两节点之间建立和维持通信
传输层	确保数据可靠无错、按顺序从A点传输到B点；建立连接（单位：数据段）
网络层	将IP地址翻译成网卡地址，并决定如何路由（单位：数据包）
数据链路层	将从网络层接收到的数据分割成特定的帧（单位：帧）
物理层	物理连网媒介，如电缆连线连接器（单位：比特）

高频指数 ★★★★★

速记方法

（1）七层：物理形成链路，链路形成网络，网络进行传输，传输才能会话，会话才能表示，表示为了应用。

（2）下面四层的单位：物理层—数据链路层—网络层—传输层分别对应比特—帧—包—段。

（3）各层功能关键词：网络层—IP、路由；会话层—通信；表示层—翻译官。

真题再现

在 OSI 七层协议中，（　　）充当了翻译官的角色，确保一个数据对象能在网络中的计算机间以双方协商的格式进行准确的数据转换和加解密。

A. 应用层

B. 网络层

C. 表示层

D. 会话层

【参考答案及解析】C。各层功能关键词：网络层—IP、路由；会话层—通信；表示层—翻译官。

精彩讲解请扫描二维码观看。

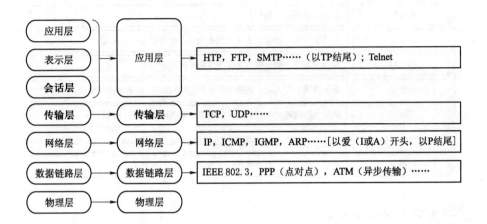

高频指数 ★★★★★

速记方法

（1）应用层：以 TP 结尾。

（2）网络层：以爱（I 或 A），以 P 结尾，以 IP 为代表。

真题再现

在 OSI 七层协议中，HTTP 是（　　）协议。

A. 网络层

B. 传输层

C. 会话层

D. 应用层

【参考答案及解析】D。应用层：以 TP 结尾。

精彩讲解请扫描二维码观看。

高频核心考点 050：网络协议和标准

（1）IEEE 802.3 是重要的局域网协议。

（2）IEEE 802.11 系列是无线局域网标准协议。

（3）TCP/IP 协议是 Internet 的核心。

高频指数 ★★★★★

速记方法

11 对应无线。

TCP/IP 对应 Internet。

真题再现

Internet 通过（　　）协议可以实现多个网络的无缝连接。

A. ISDN

B. IPv6

C. TCP/IP

D. DNS

【参考答案及解析】C。TCP/IP 对应 Internet，TCP/IP 协议是 Internet 的核心。

精彩讲解请扫描二维码观看。

高频核心考点 051：IPv4 和 IPv6 的区别

（1）IP 地址：网上主机的唯一标识。

（2）IPv4：32 位（4×8 位），如：202.96.209.5。

（3）IPv6：128 位（8×16 位），如：3ffe：3201：1401：1280：c8ff：fe4d：db39：1984。

IPv6 比 IPv4 更灵活，兼容性、移动性、安全性更好。

（4）DNS：域名解析服务器（把网址解析成 IP 地址），DNS 协议属于应用层。

高频指数 ★★

速记方法

IPv6 是 128 位，比 IPv4 更灵活，兼容性、移动性、安全性更好。

真题再现

IPV6 协议规定，一个 IP 地址的长度是（　　）位。

A. 32

B. 64

C. 128

D. 256

【参考答案及解析】C。IPv6 是 128 位，比 IPv4 更灵活，兼容性、移动性、安全性更好。

精彩讲解请扫描二维码观看。

高频核心考点 052：网络交换技术

网络交换技术通常通过如下 4 种形式来体现：

（1）数据交换。

（2）线路交换。

（3）报文交换。

（4）分组交换。

1）数据报网络：Internet，单位为 Bit（比特）。

2）虚电路网络：ATM（异步传输模式），单位为码元。

高频指数 ★★★

速记方法

（1）交换形式：数据—线路—报文—分组（数据通过线路形成报文，然后分组）。

（2）数据报：Internet—Bit（比特）。

（3）虚电路：ATM—码元。

真题再现

关于网络交换技术的描述，不正确的是（　　）。

A. Internet 传输的最小数据单位是 Byte

B. ATM 交换的最小数据单位是码元

C. Internet 使用数据报网络

D. ATM 使用虚电路网络

【参考答案及解析】A。数据报：Internet—Bit（比特）。

精彩讲解请扫描二维码观看。

高频核心考点 053：网络交换的层次

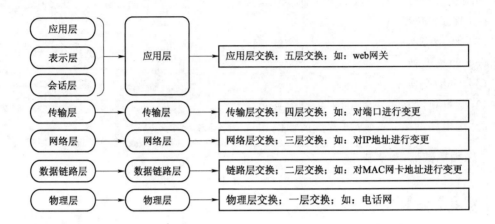

高频指数 ★★★★

速记方法

抓住关键词并进行联想，口诀如下。

（1）通过端口进行传输，所以，传输层—端口（变更）。

（2）通过 IP 进行上网，所以，网络层—IP（变更）。

真题再现

对 MAC 地址进行变更属于（　　　）。

A. 链路层交换

B. 物理层交换

C. 网络层交换

D. 传输层交换

【参考答案及解析】A。排除了：传输层—端口；网络层—IP。

精彩讲解请扫描二维码观看。

高频核心考点 054：网络存储类型

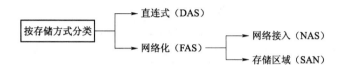

速记方法

（1）从 DAS 到 NAS，因为字母 D 比 N 小，所以 DAS 比 NAS 简单。

（2）从 NAS 到 SAN，顺序正好相反。

（3）DAS—NAS—SAN，是从简单到复杂的递增：DAS 最简单，SAN 最复杂。

真题再现

在网络存储结构中，（　　）成本较高、技术较复杂，适用于数据量大、数据访问速度要求较高的场合。

A. 直连式存储（DAS）

B. 网络存储设备（NAS）

C. 存储网络（SAN）

D. 移动存储设备（MSD）

【参考答案及解析】C。DAS—NAS—SAN，是从简单到复杂的递增：DAS 最简单，SAN 最复杂。

精彩讲解请扫描二维码观看。

高频核心考点 055：无线网络技术

第几代？ （几 G？）	制 式	速 度
1G	模拟制式	
2G	如，应用于数字手机的制式：GSM，CDMA	
3G	如，可处理视频图像的制式：CDMA2000，WCDMA，TD－SCDMA	2.6M/s
4G	如，可处理高质量视频图像的制式：TD－LTE，FDD－LTE。此制式集 3G 和 WLAN 于一体	100M/s
5G	三星最早试验出来；2020 年推出成熟标准	1000M/s（≈1G/s）

高频指数 ★★★★★

速记方法

（1）制式：3G 是"CDMA"的前或后还有东西；2G 的字母数量最少；4G 是以 LTE 结尾。

（2）速度：4G—100M/s；5G—1000M/s（1G/s）。

真题再现

关于无线通信网络的描述，不正确的是（　　）。

A. 2G 应用于 GSM、CDMA 等数字手机

B. 3G 主流制式包括 CDMA2000、WCDMA、TD－LTE 和 FDD－LTE

C. 4G 是集 3G 与 WLAN 于一体，理论下载速率达到 100Mbps

D. 正在研发的 5G，理论上可达到 1Gbps 以上的数据传送速度

【参考答案及解析】B。3G 是"CDMA"的前或后还有东西；4G 是以 LTE 结尾。

精彩讲解请扫描二维码观看。

高频核心考点 056：网络接入技术

常用的接入技术：

1. 光纤　　　　　2. 双绞线　　　　3. 同轴电缆　　4. 铜线（电话线）

5. 无线（含红外和 RFID）

 高频指数　★★

速记方法

传输速度：光纤＞双绞线＞同轴电缆＞铜线，光纤最快！

真题再现

在下列传输介质中，（　　）的传输速率最高。

A. 双绞线

B. 同轴电缆

C. 光纤

D. 无线介质

【参考答案及解析】C。传输速度：光纤＞双绞线＞同轴电缆＞铜线，光纤最快！

精彩讲解请扫描二维码观看。

高频核心考点 057：网络规划和网络拓扑结构

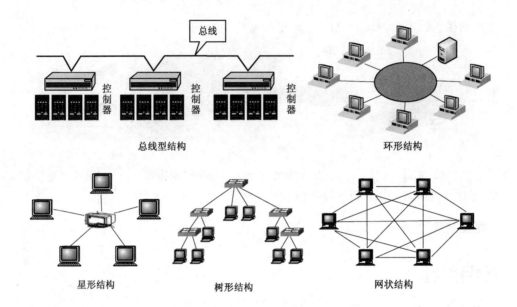

总线型结构　　　　　　　　　　　　环形结构

星形结构　　　　　树形结构　　　　网状结构

高频指数　★★★★★

速记方法

（1）拓扑结构＝几何结构＝几何形状。

（2）有 www、E-mail 等 Internet 功能，可采用 DDN（或 E1）连接、ATM 及永久虚电路连接外网。

真题再现

网络按照（　　　）可划分为总线型结构、环形结构、星形结构、树形结构和网状结构。

A. 覆盖的地理范围　　　　　　B. 链接传输控制技术

C. 拓扑结构　　　　　　　　　D. 应用传输层

【参考答案及解析】C。拓扑结构＝几何结构＝几何形状。

精彩讲解请扫描二维码观看。

高频核心考点 058：网络安全的要素和产品

（1）网络信息安全的基本要素：机密性；完整性；可用性；可控性；可审查性。

（2）网络安全的产品：

1）防火墙：网络安全的大门。

2）扫描器：是一种检测软件，检测网络和设备是否有漏洞；可以发现入侵前的漏洞，可以发现入侵后的痕迹，但是发现不了正在进行的入侵，且有可能反被利用。

3）杀毒软件。

4）安全审计系统：类似于飞机的黑匣子。

高频指数 ★★★★★

速记方法

抓住关键词：防火墙—大门；扫描器—软件、发现不了正在进行的入侵；审计系统—黑匣子。

真题再现

网络和信息安全产品中，（   ）无法发现正在进行的入侵行为，而且成为攻击者的工具。

A. 防火墙

B. 扫描器

C. 防毒软件

D. 安全审计系统

【参考答案及解析】B。扫描器：是一种检测软件，检测网络和设备是否有漏洞；可以发现入侵前的漏洞，可以发现入侵后的痕迹，但是发现不了正在进行的入侵，且有可能反被利用。

精彩讲解请扫描二维码观看。

高频核心考点 059：信息安全定义

国际标准 ISO/TEC 27001：2013《信息技术–安全技术–信息安全管理体系–要求》中给出一个目前国际上公认的信息安全的定义："保护信息的保密性、完整性、可用性；另外也包括其他属性，如不可抵赖性和真实性、可核查性、可靠性。"

高频指数 ★★★

速记方法

抓住保密性、完整性、可用性即可！

真题再现

计算机网络安全是指利用管理和技术措施，保证在一个网络环境里，信息的（　　）受到保护。

A. 完整性、可靠性及可用性

B. 机密性、完整性及可用性

C. 可用性、完整性及兼容性

D. 可用性、完整性及冗余性

【参考答案及解析】B。抓住保密性、完整性、可用性即可！保密性＝机密性。

精彩讲解请扫描二维码观看。

高频核心考点 060：信息安全属性

1. 保密性

网络安全协议；身份认证服务；数据加密。

2. 完整性

（1）数字签名。

（2）CA 认证。

（3）防火墙系统。

（4）传输通信安全。

（5）入侵检测系统。

3. 可用性

高频指数 ★★★★★

速记方法

（1）抓住保密性、完整性、可用性即可！

（2）保证完整性：数字签名、CA 认证、防火墙、传输通信安全、入侵检测系统等。

真题再现

数字签名技术属于信息安全管理中保证信息（   ）技术。

A. 保密性

B. 可用性

C. 完整性

D. 可靠性

【参考答案及解析】C。保证完整性：数字签名、CA 认证、防火墙、传输通信安全、入侵检测等。

精彩讲解请扫描二维码观看。

高频核心考点 061：信息系统安全属性

1. 保密性

最小授权原则；防暴露；信息加密；物理保密。

2. 完整性

（1）数字签名。

（2）公证。

（3）协议。

（4）纠错编码（奇偶校验）。

（5）密码校验。

3. 可用性

高频指数 ★★★★★

速记方法

（1）抓住保密性、完整性、可用性即可！

（2）保证完整性：数字签名、公证、协议、纠错编码（奇偶校验）、密码校验等。

真题再现

完整性是信息系统未经授权不能进行改变的特性，它要求保持信息的原样。下列方法中，不能用来保证应用系统完整性的措施是（　　）。

A. 安全协议

B. 纠错编码

C. 数字签名

D. 信息加密

【参考答案及解析】D。保证完整性：数字签名、公证、协议、纠错编码（奇偶校验）、密码校验等。信息加密是保证保密性。

精彩讲解请扫描二维码观看。

高频核心考点 062：信息运行安全与保密层次

应用系统运行中涉及的安全和保密层次包括：

（1）系统级安全。

（2）资源访问安全。

（3）功能性安全。

（4）数据域安全。

高频指数 ★★★★★

速记方法

（1）按信息系统的层面从大到小排序：系统级—资源访问—功能性—数据域。

（2）如何理解：

1）系统级安全：无法进入系统（做了系统级的安全防护了）。

2）资源访问安全：能进入系统，但是某些界面用不了（某些界面资源做了防护）。

3）功能性安全：界面能用，但是不能上传附件（上传的功能做了安全防护）。

4）数据域安全：能上传，能下载，但是看不到文件的某些行或某些列。

真题再现

应用系统运行中涉及的安全和保密层次包括系统级安全、资源访问安全、功能性安全和数据域安全，其中粒度最小的层次是（　　）。

A. 系统级安全

B. 资源访问安全

C. 功能性安全

D. 数据域安全

【参考答案及解析】D。从大到小排序：系统级—资源访问—功能性—数据域。

精彩讲解请扫描二维码观看。

高频核心考点 063：数据域安全

数据域安全包括两个层次：

（1）行级数据域安全，即用户可以访问哪些业务记录。

（2）字段级数据域安全，即用户可以访问业务记录的哪些字段。

数据域安全示例见下表。

姓　名	年　龄	身　高	体　重	年　薪
张三	25	170	65	*
李四	26	172	59	*
王五	*	*	*	*
钱七	28	162	62	*

高频指数 ★★★★★

速记方法

对上表的理解：

（1）王五这一行的数据都看不到，做了安全防护，属于行级数据域安全。

（2）年薪这一字段的数据都看不到，做了安全防护，属于字段数据域安全。

真题再现

应用系统运行中涉及的安全和保密层次包括系统级安全、资源访问安全、数据域安全等。以下描述不正确的是：（　　）。

A. 按粒度从大到小排序为系统级安全、资源访问安全、数据域安全

B. 系统级安全是应用系统的第一道防线

C. 功能性安全会对程序流程产生影响

D. 数据域安全可以细分为文本级数据域安全和字段级数据域安全

【参考答案及解析】D。数据域安全分为行级和字段级数据域安全。

精彩讲解请扫描二维码观看。

高频核心考点 064：信息安全等级保护

《信息安全等级保护管理办法》将信息系统的安全保护等级分为以下五级。

第一级，信息系统受到破坏后，会对公民、法人和其他组织的合法权益造成损害，但不损害国家安全、社会秩序和公共利益。

第二级，信息系统受到破坏后，会对公民、法人和其他组织的合法权益造成严重损害，或者对社会秩序和公共利益造成损害，但不损害国家安全。

第三级，信息系统受到破坏后，会对社会秩序和公共利益造成严重损害，或者对国家安全造成损害。

第四级，信息系统受到破坏后，会对社会秩序和公共利益造成特别严重损害，或者对国家安全造成严重损害。

第五级，信息系统受到破坏后，会对国家安全造成特别严重损害。

高频指数 ★★★★★

速记方法

用图表简化归纳法，见下表。

对　象	程　度	级　别
公民	损害	第一级
	严重损害	第二级
国家	损害	第三级
	严重损害	第四级
	特别严重损害	第五级

真题再现

《信息安全等级保护管理办法》规定，信息系统遭到破坏后，会对社会秩序和公众利益造成严重损害，或者对国家安全造成损害，则该信息系统的安全保护等级为（　　）。

A. 第一级　　　　　B. 第二级　　　　　C. 第三级　　　　　D. 第四级

【参考答案及解析】C。对于国家，可以区分第三级、第四级、第五级，损害为第三级。

精彩讲解请扫描二维码观看。

高频核心考点065：岗位安全考核与培训

（1）对安全管理员、系统管理员、数据库管理员、网络管理员、重要业务开发人员、系统维护人员和重要业务应用操作人员等信息系统关键岗位人员进行统一管理；允许一人多岗，但业务应用操作人员不能由其他关键岗位人员兼任；关键岗位人员应定期接受安全培训，加强安全意识和风险防范意识。

（2）兼职和轮岗要求：业务开发人员和系统维护人员不能兼任或担负安全管理员、系统管理员、数据库管理员、网络管理员和重要业务应用操作人员等岗位或工作；必要时关键岗位人员应采取定期轮岗制度。

（3）权限分散要求：在上述基础上，应坚持关键岗位"权限分散、不得交叉覆盖"的原则，系统管理员、数据库管理员、网络管理员不能相互兼任岗位或工作。

（4）多人共管要求：在上述基础上，关键岗位人员处理重要事务或操作时，应保持二人同时在场，关键事务应多人共管。

（5）全面控制要求：在上述基础上，应采取对内部人员全面控制的安全保证措施，对所有岗位工作人员实施全面安全管理。

高频指数　★★★★★

速记方法

小技巧："不能……"代表严格，严格意味着安全。

真题再现

关于信息系统岗位人员安全管理的描述，不正确的是（　　）。

A. 业务应用操作人员不能由系统管理员兼任

B. 业务开发人员不能兼任系统管理员

C. 系统管理员可以兼任数据库管理员

D. 关键岗位人员处理重要事务和操作时，应保持两人同时在场

【参考答案及解析】C。"可以"代表松，松意味着不安全；其余选项的"不能""两人同时在场"代表严格，严格意味着安全。

精彩讲解请扫描二维码观看。

高频核心考点 066：离岗人员安全管理

（1）基本要求：立即中止被解雇的、退休的、辞职的或其他原因离开的人员的所有访问权限；收回所有相关证件、徽章、密钥和访问控制标记等；收回机构提供的设备等。

（2）调离后的保密要求：在上述基础上，管理层和信息系统关键岗位人员调离岗位，必须经单位人事部门严格办理调离手续，承诺其调离后的保密要求。

（3）离岗的审计要求：在上述基础上，涉及组织机构管理层和信息系统关键岗位的人员调离单位，必须进行离岗安全审查，在规定的脱密期限后，方可调离。

（4）关键部位人员的离岗要求：在上述基础上，关键部位的信息系统安全管理人员离岗，应按照机要人员管理办法办理。

高频指数 ★

速记方法

特别注意：离岗的审计要求，除了离岗安全审查之外，在规定的脱密期限后，方可调离。

真题再现

关于离岗人员安全管理的描述，不正确的是（ ）。

A. 立即中止被解雇的、退休的、辞职的或其他原因离开的人员的所有访问权限

B. 管理层和信息系统关键岗位人员调离岗位，必须经单位人事部门严格办理调离手续

C. 管理层和信息系统关键岗位人员调离岗位，进行离岗安全审查之后离开

D. 关键部位的信息系统安全管理人员离岗，应按照机要人员管理办法办理

【参考答案及解析】C。除了离岗安全审查，还要在规定的脱密期限后，方可调离。

精彩讲解请扫描二维码观看。

第二部分

项目管理

高频核心考点067~241

2.1 项目立项相关

立项管理、合同管理、采购管理、法律法规

高频核心考点 067～120

高频核心考点 067：项目的特点

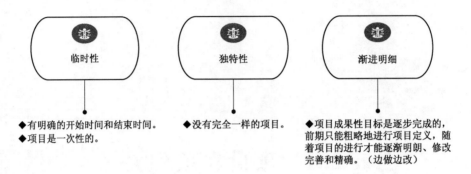

临时性
◆有明确的开始时间和结束时间。
◆项目是一次性的。

独特性
◆没有完全一样的项目。

渐进明细
◆项目成果性目标是逐步完成的，前期只能粗略地进行项目定义，随着项目的进行才能逐渐明朗、修改完善和精确。（边做边改）

高频指数 ★★★★★

速记方法

抓住关键词：临时性—结束；独特性—不一样；渐进明细—修改。

真题再现

应用软件开发项目执行过程中允许对需求进行适当修改，并对这种变更进行严格控制，充分体现了项目的（　　）特点。

A. 临时性

B. 独特性

C. 渐进明细

D. 无形性

【参考答案及解析】C。有"修改"的字眼，就是边做边修改。关键词：渐进明细—修改。

精彩讲解请扫描二维码观看。

高频核心考点 068：系统集成项目的特点

（1）以满足客户和用户需求为根本出发点。

（2）需求不明确，复杂多变。

（3）不是选择最好的产品，而是选择最适合用户需求和投资规模的产品。

（4）是高技术与高技术的集成。

（5）是综合性的系统工程，含技术、管理和商务等。需要各方重视，必要时"一把手"挂帅，多方密切协作。

（6）成员年轻，流动率高。

（7）强调沟通的重要性。

总而言之，系统集成项目管理既是一种管理行为，又是一种技术行为。

高频指数

速记方法

化繁为简，注意几点即可：

（1）需求不明确，复杂多变。

（2）高技术与高技术的集成。

（3）既是一种管理行为，又是一种技术行为。

真题再现

信息系统集成项目区别于其他项目的特点是（　　）。

A. 每个项目都有始有终

B. 每个项目都是不同的

C. 渐进明细

D. 需求复杂多变，需求变更控制复杂

【参考答案及解析】D。需求不明确，复杂多变是系统集成项目的特点。其余是所有项目的特点。

精彩讲解请扫描二维码观看。

高频核心考点 069：项目目标的特点

（1）多维性：包括质量、成本、进度等目标。
（2）优先性：如果先考量质量目标，则是质量优先；依此类推。
（3）层次性：是战略目标和具体目标的结合。

高频指数

速记方法

重点理解层次性。比如，某城市要建造一座世界级的体育场馆，那么：
（1）战略目标是这个世界级的体育场馆能提升该城市的国际影响力和形象。
（2）具体目标是这个世界级的体育场馆能供举办体育赛事用，能供市民健身用。

真题再现

以下关于项目与项目管理的描述不正确的是（　　）。

A. 项目临时性是指每一个项目都有一个明确的开始时间和结束时间

B. 渐进明细是指项目的成果性目标是逐步完成的

C. 项目的目标存在优先级，项目目标不具有层次性

D. 项目整体管理属于项目管理核心知识域

【参考答案及解析】C。项目的目标是具有层次性的，是战略目标和具体目标的结合。

精彩讲解请扫描二维码观看。

高频核心考点 070：事业环境因素和组织过程资产

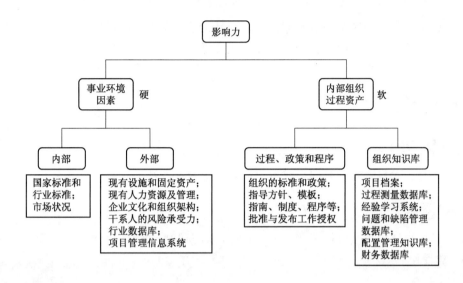

高频指数 ★★★

速记方法

注意几点即可：

（1）事业环境因素是硬性的，项目经理不可修改；组织过程资产是软性的，项目经理可修改。

（2）典型的事业环境因素包含：国家标准和行业标准、市场状况；人力资源、企业文化、风险承受力、项目管理信息系统。

真题再现

下列（　　）不属于事业环境因素。

A. 批准与发布工作授权   B. 项目管理信息系统

C. 干系人的风险承受力   D. 国家标准

【参考答案及解析】A。批准与发布工作授权属于组织过程资产。

精彩讲解请扫描二维码观看。

高频核心考点 071：项目的目标

（1）成果性目标，简称项目目标，包含产品、系统、服务或成果。

（2）约束性目标，也称为管理性目标，包含时间、成本、质量。

以上不是两种目标；而是目标的两个方面。

高频指数 ★★

速记方法

重点理解：项目受到"时间、成本、质量"等目标的约束，所以称之为约束性目标。

真题再现

项目目标包括成果性目标和（　　）目标，后者也叫管理性目标。

A. 建设性

B. 约束性

C. 指导性

D. 原则性

【参考答案及解析】B。约束性目标也称为管理性目标，包含时间、成本、质量。

精彩讲解请扫描二维码观看。

高频核心考点 072：项目管理的定义

项目管理通过过程来完成，这些过程分布在核心知识领域、保障域、伴随域和过程域中。

核心知识领域的内容包括整体管理、范围管理、进度管理、成本管理、质量管理和信息安全管理等。

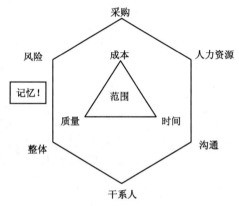

高频指数 ★

速记方法

（1）明确项目管理通过过程来完成。

（2）记住核心知识领域的内容：整体管理、范围管理、进度管理、成本管理、质量管理和信息安全管理等。

（3）记住十大知识领域的内容，并且明确，十大知识领域不等同于核心知识领域。

真题再现

下列的项目管理的知识领域当中，（   ）属于核心知识领域。

A. 整体管理　　　　B. 风险管理　　　　C. 变更管理　　　　D. 沟通管理

【参考答案及解析】A。核心知识领域的内容：整体管理、范围管理、进度管理、成本管理等。

精彩讲解请扫描二维码观看。

高频核心考点 073：五大过程组和十大知识领域

项目生命周期	五大过程组（记忆！）	十大知识领域（记忆！）
1. 项目生命周期	1. 启动过程组	1. 整体管理
2. 项目生命周期各阶段	2. 计划过程组	2. 范围管理
3. 阶段内和阶段之间的过程	3. 执行过程组	3. 时间管理
	4. 监控过程组	4. 成本管理
	5. 收尾过程组	5. 质量管理
		6. 人力资源管理
		7. 沟通管理
		8. 采购管理
		9. 风险管理
		10. 干系人管理

高频指数 ★★

速记方法

注意：在本知识体系当中，任何项目都必须经过 5 个过程组，不是 4 个，也不是 6 个。

真题再现

以下关于项目管理过程组的描述不正确的是（　　）。

A. 并非所有项目都必须经历 5 个过程组

B. 每个单独的过程都明确了如何使用输入来产生项目过程组的输出

C. 制定项目管理计划所需要的过程都属于计划过程组

D. 控制变更，推荐纠正措施属于控制过程组

【参考答案及解析】A。在本知识体系当中，任何项目都必须经过 5 个过程组。

精彩讲解请扫描二维码观看。

高频核心考点 074：项目干系人

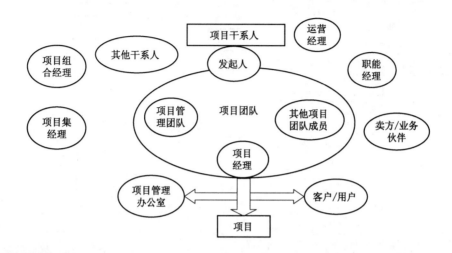

高频指数 ★★★

速记方法

（1）干系人"包罗万象"，不用特别记忆。

（2）特别注意：什么时候开始识别干系人？在项目启动的时候，而不是在立项的时候。

真题再现

识别干系人是（　　）项目的活动。

A. 启动过程组

B. 计划过程组

C. 执行过程组

D. 监督和控制过程组

【参考答案及解析】A。特别注意：干系人什么时候开始识别？在项目启动的时候，不是在立项时。

精彩讲解请扫描二维码观看。

高频核心考点 075：职能型组织形式的优缺点

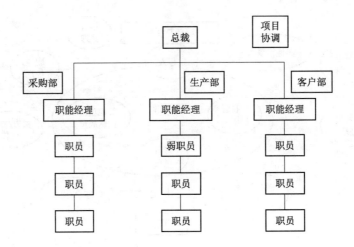

高频指数 ★★★★★

速记方法

（1）如何判断组织类型？有一排方框是"职能经理"的，就是职能型。

（2）优点：便于交流，权责清晰。

（3）缺点：部门之间沟通协调难度大，项目经理缺少权力和权威。

真题再现

小王被安排担任 A 项目的兼职配置管理员，她发现所有项目组成员都跟她一样是兼职的，项目经理没有任何决策权，所有事情都需要请示总经理做决策。这是一个典型的（   ）项目组织结构。

A. 职能型

B. 项目型

C. 弱矩阵型

D. 强矩阵型

【参考答案及解析】A。项目经理缺少权力和权威是职能型的特点，也是缺点。

精彩讲解请扫描二维码观看。

高频核心考点 076：项目型组织形式的优缺点

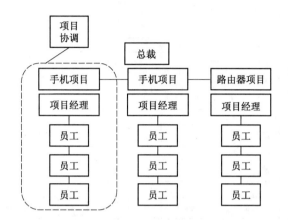

高频指数　★★★★★

速记方法

（1）如何判断组织类型？有一排方框是"项目经理"的，就是项目型。

（2）优点：沟通方便，权责分明，目标明确，结构单一；项目经理权力大，决策快！

（3）缺点：管理成本高；不利于（对外）沟通和技术共享；员工缺乏事业上的连续性和保障。

真题再现

在（　　）组织结构中，项目拥有独立的项目团队，项目经理在调用与项目相关的资源时，不需要向部门经理报告。

A. 职能型

B. 平衡矩阵型

C. 强矩阵型

D. 项目型

【参考答案及解析】D。不需要向部门经理报告意味着项目经理权力大，这是项目型的特点（优点）。

精彩讲解请扫描二维码观看。

高频核心考点 077：强矩阵型组织形式的优缺点

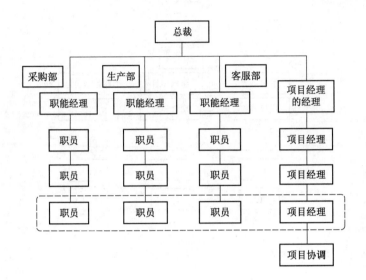

高频指数 ★★★★★

速记方法

（1）如何判断组织类型？横排有一排是"职能经理"、竖排有一列是"项目经理"的，就是矩阵型。

（2）优点：能获得更多职能部门的支持，部门协调难度下降。

（3）缺点：管理成本增加，存在多头领导，权力难以平衡；资源分配与项目优先的问题会产生冲突。

真题再现

矩阵型组织的缺点不包括（　　）。

A. 管理成本增加

B. 员工缺乏事业上的连续性和保障

C. 多头领导

D. 资源分配与项目优先的问题产生冲突

【参考答案及解析】B。员工缺乏事业上的连续性和保障是项目型组织的缺点。

精彩讲解请扫描二维码观看。

高频核心考点 078：不同组织形式项目经理权力的大小

项目组织形式	职能型	矩 阵 型			项目型
		弱矩阵型	平衡矩阵型	强矩阵型	
项目经理权力	接近 0	很小	有些	有	大

高频指数 ★★★★★

速记方法

不同组织形式项目经理权力大小如下：

（1）职能型＜矩阵型＜项目型。

（2）职能型＜弱矩阵型＜平衡矩阵型＜强矩阵型＜项目型。

真题再现

在（　　）中项目经理权力最小。

A. 弱矩阵型组织

B. 平衡矩阵型组织

C. 强矩阵型组织

D. 项目型组织

【参考答案及解析】A。理论上是职能型组织中项目经理的权力最小，但是选项里没有。除了职能型组织之外，根据选项排序，在本题中弱矩阵型组织项目经理的权力最小。

精彩讲解请扫描二维码观看。

高频核心考点 079：PMO 的概念和作用

PMO 的概念：项目管理办公室，也被称为"项目办公室""大型项目管理办公室"或"大型项目办公室"。

PMO 的作用：明确和制定项目管理方法、最佳实践和标准；沟通管理协调中心；在项目之间共享和协调、优化资源；实现集中的配置管理；共享模板；对项目经理进行指导；对时间基线和预算进行集中监控等。

高频指数 ★★★

速记方法

对于 PMO 的工作，抓住关键词：制定方法、协调、优化、配置、共享、监控等。

真题再现

（   ）是 PMO 应具备的特征。

①负责制定项目管理方法、最佳实践和标准

②对所有项目进行集中的配置管理

③项目之间的沟通管理协调中心

④在项目约束条件下完成特定的项目成果性目标

⑤对项目之间的关系组织资源进行优化使用

A. ①②③④

B. ②③④⑤

C. ①②③⑤

D. ①②③④⑤

【参考答案及解析】C。④是项目团队要做的事情，而不是 PMO。PMO 主要的工作的关键词是制定方法、协调、优化、配置、共享、监控等。

精彩讲解请扫描二维码观看。

高频核心考点 080：PMO 的 3 种类型

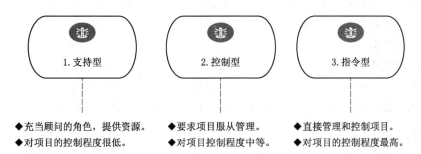

1.支持型

2.控制型

3.指令型

◆充当顾问的角色，提供资源。
◆对项目的控制程度很低。

◆要求项目服从管理。
◆对项目控制程度中等。

◆直接管理和控制项目。
◆对项目的控制程度最高。

高频指数 ★

速记方法

注意：控制型虽然有控制的字眼，但是其控制程度是中等的；指令型控制程度最高。

真题再现

关于下列三种 PMO 类型的控制程度排序，哪个是正确的？（   ）

A. 支持型＜指令型＜控制型

B. 指令型＜支持型＜控制型

C. 支持型＜控制型＜指令型

D. 控制型＜指令型＜支持型

【参考答案及解析】C。控制型虽有控制的字眼，但其控制程度是中等的；指令型控制程度最高。

精彩讲解请扫描二维码观看。

高频核心考点 081：项目阶段的特征

（1）每个项目阶段都以一个或一个以上的可交付物的完成为标志，这种可交付物是一种可度量、可验证的工作成果，如一份规格说明书、可行性研究报告、详细设计文档、产品模块或工作样品。

（2）阶段的正式完成不包括对后续阶段的批准。

（3）为了有效地控制，每个阶段的正式启动必须要有明确的任务作为标志。

（4）在获得授权的情况下，阶段末的评审可以结束当前阶段并启动后续阶段。

高频指数

速记方法

抓住"可交付物"即可：每个项目阶段都以可交付物的完成为标志！

真题再现

下列说法不正确的是（   ）。

A. 可交付物是一种可度量、可验证的工作成果

B. 规格说明书、可行性研究报告、详细设计文档、产品模块或工作样品都可看成可交付物

C. 每个项目阶段都是以项目经理的阶段性总结报告为标志

D. 每个阶段都要明确该阶段的任务作为正式启动

【参考答案及解析】C。每个项目阶段都以可交付物的完成为标志！

精彩讲解请扫描二维码观看。

高频核心考点 082：典型信息系统的生命周期模型

生命周期模型	特 点	适 用 情 形
1. 瀑布模型	按顺序做，因为项目好做、有把握，通常用在互相类似的项目	需求明确；小项目和旧项目改进
2. 原型化模型	强调直观，建一个快速原型	需求不明确
3. 螺旋模型	强调风险	需求不明确；大型复杂系统
4. 迭代模型（RUP）	强调多期开发，4个阶段，6个工作流	需求不明确；要多期开发
5. 敏捷方法	强调快，变化快，迭代快，大量变更	需求不明确；快速变化的系统
6. V 模型	强调开发和测试的对应关系	需求明确；把开发和测试一一对应

高频指数 ★★★★★

速记方法

根据上表，抓住各种模型的特点关键词：
（1）瀑布模型：按顺序做，因为项目好做、有把握，通常用在互相类似的项目。
（2）原型化模型：快速原型。
（3）螺旋模型：风险。
（4）迭代模型：多期。
（5）敏捷方法：快。
（6）V 模型：开发和测试的对应关系。

真题再现

公司计划开发一个新的信息系统，该系统需求不明确，事先不能定义产品所有需求，需要经过多期开发完成，该系统的生命周期模型宜采用（　　　）。
A. 瀑布模型　　　　B. V 模型　　　　　C. 测试驱动方法　　D. 迭代模型
【参考答案及解析】D。有"多期"的关键字眼，就是迭代模型。

精彩讲解请扫描二维码观看。

高频核心考点 083：生命周期和生命周期模型的区别

1. 生命周期

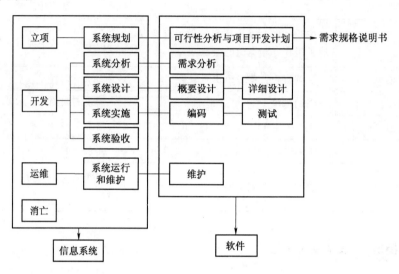

2. 生命周期模型

生命周期模型	特 点	适 用 情 形
1. 瀑布模型	按顺序做，因为项目好做、有把握，通常用在互相类似的项目	需求明确；小项目和旧项目改进
2. 原型化模型	强调直观，建一个快速原型	需求不明确
3. 螺旋模型	强调风险	需求不明确；大型复杂系统
4. 迭代模型（RUP）	强调多期开发，4 个阶段，6 个工作流	需求不明确；要多期开发
5. 敏捷方法	强调快，变化快，迭代快，大量变更	需求不明确；快速变化的系统
6. V 模型	强调开发和测试的对应关系	需求明确；把开发和测试一一对应

3. 信息系统开发方法

信息系统开发方法	结 构 化 方 法	原 型 法	面 向 对 象 方 法
含义	一步步，分阶段，按顺序	先弄个简单的，边做边改	重复引用，模块化、共享
特点	整体性和全局性强	动态响应，逐步纳入	使用同一套工具
缺点	周期长，烦琐，效率低	跟其他方法结合	

注 在系统开发的实际当中，往往是将多种方法组合应用。

4. 软件架构模式

软件架构模式	特　　　点	典　型　应　用
管道/过滤器	每组都有输入输出；黑盒子	批处理系统
面向对象	基于组件	基于组件的软件开发
事件驱动	触发一个或多个事件，调用其他组件	图形界面应用
分层	每一层都为上一层服务	ISO/OSI 七层网络模型
客户/服务器	基于资源不对等，为实现共享而提出	C/S；B/S；多层 C/S

注 各种架构可以综合使用。

高频指数 ★★★★★

速记方法

重点理解以下内容：

(1) 生命周期一般指的是信息系统（含软件）的生命周期（针对系统或软件）。

(2) 生命周期模型一般指的是信息系统项目的生命周期模型（针对项目）。

生命周期与生命周期模型息息相关，生命周期模型。可以理解成：以什么样的方式走完生命周期！

(3) 将生命周期、生命周期模型、信息系统开发方法、软件架构模式汇总对比掌握。

真题再现

A 公司承接了一项信息系统升级任务，用户对文档资料标准化要求比较高并委派固定人员与 A 公司进行配合，要求在他们现有的信息系统（该系统是 A 公司建设的）基础上扩充一个审批功能，该公司最适用采用（　　）进行开发。

A. 结构化方法　　B. 原型法　　　　C. 面向对象方法　　D. 螺旋模型

【参考答案及解析】A。在现有系统上进行扩充，意味着项目好做，有把握，对应的项目生命周期模型应是瀑布模型，而结构化方法也有此特征，是软件的开发方法，二者是息息相关的。

精彩讲解请扫描二维码观看。

高频核心考点 084：项目过程和项目管理过程

1. 项目过程

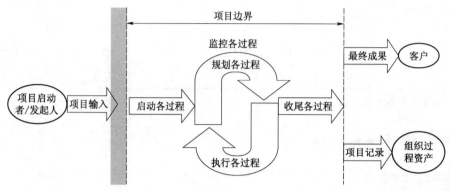

2. 项目管理过程

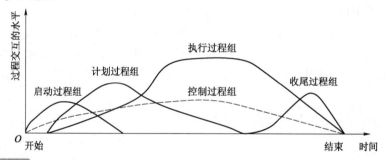

速记方法

（1）监控过程不是一个独立的过程，而是渗透到其余的过程！

（2）项目的过程组经常会发生相互交迭。

真题再现

关于项目 5 个过程组的描述，不正确的是（　　）。

A. 项目的过程组很少会是离散的或者只出现一次

B. 项目的过程组是按照时间顺序发生的、相互独立的、不会交迭的

C. 项目的过程组具有明确的依存关系并在各个项目中按一定的次序

D. 所有项目都会经历 5 个过程组

【参考答案及解析】B。项目的过程组经常会发生相互交迭。

精彩讲解请扫描二维码观看。

高频核心考点 085：立项管理的 5 个典型环节

立项管理的 5 个典型环节：

（1）项目建议。

（2）可行性分析（5 个步骤：机会可行性—初步可行性—详细可行性—报告获批—项目评估）。

（3）项目审批。

（4）招投标。

（5）合同谈判与签订。

高频指数 ★★★

速记方法

（1）立项管理的 5 个典型环节与可行性分析的 5 个步骤是两码事。

（2）项目评估和项目审批的区别如下：

1）项目评估属于可行性分析的 5 个步骤之一。

2）项目审批属于立项管理的 5 个环节之一。

3）项目评估之后进行项目审批。

真题再现

（　　）属于项目可行性分析阶段的内容。

A．编制立项申请

B．编制项目建议书

C．项目评估

D．项目审批

【参考答案及解析】C。项目评估属于可行性分析的步骤；项目审批属于立项管理的环节。

精彩讲解请扫描二维码观看。

高频核心考点 086：项目建议书的内容

项目建议书包括以下内容：

（1）项目简介（名称、负责人、责任人、概况、建议等）。

（2）建设单位概况（职能、职责）。

（3）项目建设的必要性（背景、依据、目前问题、建设意义）。

（4）业务分析和预测。

（5）总体建设方案（总体目标、分期目标）。

（6）本期项目建设方案（网络、数据库、存储系统、平台）。

（7）环保、消防、职业安全。

（8）实施进度。

（9）投资估算和资金筹措（总投资估算、资金来源）。

（10）效益和风险分析（经济效益、社会效益）。

高频指数 ★★★★★

速记方法

（1）内容很多，但是抓住几个关键词即可：方案、目标、进度、资金、风险。

（2）进度、资金、风险对应进度管理、成本管理、风险管理的知识领域，是项目管理的范畴。理论上，立项阶段还没涉及项目管理，但是这里的进度、资金、风险很特殊，务必注意！

（3）总体建设方案和本期建设方案的区别："总体"对应"目标"。

真题再现

在信息系统集成项目建议书中，"信息资源规划和数据库建设"属于（　　）部分。

A. 业务分析　　　　　　　　　　B. 本期项目建设方案

C. 项目建设的必要性　　　　　　D. 效益与风险分析

【参考答案及解析】B。思路：先排除 A、D，因为"规划""建设"和"分析"不搭边；也不属于"必要性"陈述，所以排除 C。事实上，本期项目建设方案包括：网络、数据库、存储系统、平台。总体建设方案和本期建设方案的区别："总体"对应"目标"（题干当中没有包含"目标"的字眼）。

精彩讲解请扫描二维码观看。

高频核心考点 087：初步可行性分析的 4 种结果

初步可行性分析有以下 4 种结果：

（1）肯定，比较小的项目甚至可以直接"上马"。

1）没做初步可行性分析→直接"上马"（跳过了详细可行性分析）（都没做）。

2）做了初步可行性分析→直接"上马"（跳过了详细可行性分析）（只做初步可行性分析）。

（2）肯定，转入"详细"可行性分析，进行更深入、更详细的分析研究。

1）没做初步可行性分析→直接详细可行性分析（只做详细可行性分析）。

2）做了初步可行性分析→直接详细可行性分析（都做了）。

（3）展开"专题"研究，如建立原型系统，演示主要功能模块或者验证关键技术。

（4）否定，项目应该"下马"。

高频指数 ★★★★★

速记方法

（1）四种结果的关键词为："上马""详细""专题""下马"。

（2）关于"上马""详细"的细分表格如下：

项目规模	初步可行性分析	详细可行性分析	执 行 情 况	结　果
微小项目	×	×	都没做	"上马"
较小项目	√	×	只做初步可行性分析	
小型项目	×	√	只做详细可行性分析	转入"详细"可行性分析
大型项目	√	√	都做了	

真题再现

（1）以下关于项目可行性研究的叙述中，不正确的是（　　）。

A. 机会可行性研究的目的是激发投资者的兴趣，寻找投资机会

B. 在项目立项阶段，即使是小型项目，详细可行性研究也是必须的

C. 详细可行性研究是一项费时、费力且需一定资金支持的工作

D. 项目可行性研究报告一般委托具有相关专业资质的工程咨询机构编制

【参考答案及解析】B。小型项目可以直接"上马"，不需要做详细可行性研究。

（2）关于项目可行性研究的描述中，不正确的是（　　）。

A. 初步可行性研究可以形成初步可行性报告

B. 项目初步可行性研究与详细可行性研究的内容大致相同

C. 小项目一般只做详细可行性研究，初步可行性研究可以省略

D. 初步可行性研究的方法有投资估算法、增量效益法等

【参考答案及解析】D。投资估算法、增量效益法明显属于详细可行性研究的方法。那么C呢？C貌似也是不正确的，跟上一题的B选项好像是矛盾的。这个时候，就要看项目小到什么程度了。对于这个问题，根据高频核心考点087中关于"上马""详细"的细分表格，可以得到统一的解释。

精彩讲解请扫描二维码观看。

高频核心考点 088：可行性研究的内容

可行性研究的内容：

（1）投资必要性。

（2）技术可行性。

（3）财务可行性。

（4）组织可行性。

（5）经济可行性。

（6）社会可行性。

（7）风险因素及对策。

高频指数　★★★★★

速记方法

采用问答式理解法：

（1）技术可行性——有没有技术去做？（关键词：技术）

（2）财务可行性——有没有钱去做？（关键词：钱、资金）

（3）组织可行性——有没有人去做？［关键词：人（人员）、组织架构］

（4）经济可行性——能增加就业吗？能提高人民生活吗？（关键词：就业、生活）

（5）社会可行性——有利于社会稳定吗？（关键词：社会稳定、宗教、妇女儿童问题等）

真题再现

在项目可行性研究内容中，（　　）包括制定合理的项目实施进度计划、设计合理的组织结构、选择经验丰富的管理人员、建立良好的协作关系、制定合适的培训计划等内容。

A．技术可行性　　B．财务可行性　　C．组织可行性　　D．流程可行性

【参考答案及解析】C。题干有"人"（人员）的字眼，那就是组织可行性。

精彩讲解请扫描二维码观看。

高频核心考点 089：经济可行性和社会可行性的区别

经济可行性：从资源配置的角度衡量项目的价值，评价项目在实现区域经济发展目标、有效配置经济资源、增加供应和创造就业、改善环境、提高人民生活等方面的效益。

社会可行性：主要分析项目对社会，包括政治体制、方针政策、经济结构、法律道德、宗教民族、妇女儿童及社会稳定性等方面的影响。

高频指数 ★★★

速记方法

注意以下区别：

（1）并不是有"经济"的字眼，就是经济可行性。

（2）经济资源属于经济可行性。

（3）经济结构属于社会可行性。

真题再现

项目可行性研究的内容中，（   ）分析项目对经济结构的影响。

A. 组织可行性

B. 技术可行性

C. 经济可行性

D. 社会可行性

【参考答案及解析】D。并不是有"经济"的字眼就是经济可行性；经济资源属于经济可行性；经济结构属于社会可行性。

精彩讲解请扫描二维码观看。

高频核心考点090：建设方和承建方的相关名称

建 设 方	承 建 方
发包方	承包方
甲方	乙方
业主	集成商
招标的一方	投标的一方（并且中标）

高频指数　★★★

速记方法

特别注意"业主"和"集成商"，是建设方和承建方的关系。

真题再现

承建方的立项管理与建设方的立项管理相比，更加关注（　　），以保证在招投标过程中获得与竞争对手的比较优势。

A. 客户关系

B. 项目采购管理过程

C. 项目的市场需求

D. 组织资源与项目的匹配程度

【参考答案及解析】D。注意建设方和承建方的区别和立场，以及他们的别称。项目的采购以及对市场需求的分析都属于建设方的工作内容，因此建设方应该更关注；组织资源与项目的匹配程度才是承建方需要更加关注的。

精彩讲解请扫描二维码观看。

高频核心考点 091：承建方内部立项的原因和内容

1. 承建方内部立项的原因

（1）通过项目立项方式为项目分配资源。

（2）通过项合立项方式确定合理的项目绩效目标（有助于提升人员的积极性）。

（3）确定工作方式（项目型的组织结构，提升效率）。

2. 承建方内部立项的内容

（1）项目资源估算。

（2）项目资源分配。

（3）准备项目任务书。

（4）任命项目经理。

高频指数 ★★★

速记方法

"原因"和"内容"不用分开记忆，用关联对应法同时记住它们：

（1）分配资源对应资源、分配。

（2）目标对应任务书（因为目标就是任务）。

（3）组织结构对应项目经理（因为组织结构里肯定有项目经理）。

真题再现

系统集成商在承续项目之后，一般会透过内部立项的方式将合同责任进行转移，并对这种责任再进行约束和规范。这种内部立项的目的一般不包括（　　）。

A. 为项目进行资源分配

B. 确定项目绩效目标

C. 提升项目实施效率

D. 选择合适的供应商

【参考答案及解析】D。集成商就是承建方，A、B、C 都是承建方内部立项的原因（内容）。

精彩讲解请扫描二维码观看。

高频核心考点 092：合同的常见类型

1. 按信息系统范围划分

（1）总承包合同（项目全部给一个"人"做）。

（2）单项工程承包合同（项目拆分给不同的"人"做）。

（3）分包合同（项目先分给甲，甲再分一部分给乙）。

2. 按付款方式划分

（1）总价合同。

（2）成本补偿合同。

（3）工料合同（单价合同）。

高频指数 ★★★★★

速记方法

总承包合同≠总价合同。

单项工程承包合同≠单价合同。

分包合同≠单价合同。

划分方式不同，就不能等同！

真题再现

某电信企业要建设一个 CRM 系统（包括呼叫中心和客服中心），系统集成一级资质企业甲和系统集成二级资质企业乙参与该系统建设。关于合同的签订，下面说法中，（　　）是正确的。

A. 如电信企业和乙签订 CRM 建设总包合同，则乙和甲就呼叫中心的建设只能签订分包合同

B. 如电信企业和乙签订客服中心建设总包合同，则电信企业和甲就 CRM 的建设只能签订总价合同

C. 如电信和乙签订客服中心单项承包合同，则电信和甲就 CRM 的建设只能签订单项承包合同

D. 如电信企业和甲签订 CRM 建设总价合同，则甲和乙就呼叫中心建设只能签订单价合同

【参考答案及解析】A。注意：CRM 系统包括呼叫中心和客服中心；总价合同和单价合同只是按付款方式划分，而不是按照信息系统范围划分。

精彩讲解请扫描二维码观看。

高频核心考点 093：总价合同、成本补偿合同、工料合同的应用

合 同 类 型	含 义	适 用 情 形
总价合同	按项目的总价全包	精确计算、工期较短、技术不太复杂、风险不大、有详细全面设计图纸的项目
总价加经济价格调整合同	特殊的总价合同	通货膨胀时对合同进行调整
成本补偿合同	将实际成本加一笔费用作为利润	立即开展工作、内容及技术指标未确定、风险大的项目
工料合同	混合的合同，有总价合同和成本补偿合同的优点	不能很快写出准确的工作说明书、增加人员、聘请专家的项目；适用范围比较宽

高频指数 ★★★★★

速记方法

（1）根据上表的内容，注意不同合同的不同含义，特别是不同的适用情形。

（2）注意成本补偿合同与工料合同适用情形的细微差别：

1）工作的内容和指标完全没确定，适用成本补偿合同。

2）只是不能很快写出工作说明书，适用工料合同。

真题再现

成本补偿合同不适用于（　　）的项目。

A. 需立即开展工作

B. 项目内容和技术经济指标未确定

C. 风险大

D. 工程量不太大且能精确计算，工期较短

【参考答案及解析】D。"能精确计算，工期较短"，适用总价合同；A、B、C 都适用成本补偿合同。

精彩讲解请扫描二维码观看。

高频核心考点 094：哪些原因会造成合同变更

造成合同变更的因素：

（1）范围变更。

（2）成本变更。

（3）进度变更。

（4）质量要求的变更。

（5）人员变更。

（6）现实环境和相关条件的变化。

（7）其他因素。

 高频指数 ★★★

速记方法

（1）范围、成本、进度、质量、人员（人力资源）等都属于十大知识领域。

（2）十大知识领域的变更，会导致合同变更。

真题再现

某系统集成商中标一个县政府办公系统的开发项目，在合同执行过程中，县政府提出在办公系统中增加人员考勤管理的模块，由于范围发生变化，合同管理人员需要协调并重新签订合同，该合同的管理内容属于（　　　）。

A. 合同签订管理

B. 合同履行管理

C. 合同变更管理

D. 合同档案管理

【参考答案及解析】C。范围发生变化。范围（管理）属于项目管理的十大知识领域。项目管理的知识领域发生变更，往往会导致合同变更，所以要进行合同变更管理。

精彩讲解请扫描二维码观看。

高频核心考点 095：怎么提出合同变更

怎么提出变更？是用口头形式，还是用书面形式？还是两者都可以？

变更申请、变更评估和变更执行等必须以书面形式呈现！

高频指数

速记方法

因为合同是严肃的、正式的，所以，合同变更必须以书面形式呈现！

真题再现

以下关于合同变更的叙述中，（　　）是不正确的。

A. 合同变更一般处理程序如下：变更的提出、变更请求的审查、变更的批准、变更的实施

B. 变更申请可以以口头形式提出，变更评估必须采取书面方式

C. 对于任何变更的评估都应该有变更影响分析

D. 合同变更的处理由合同变更控制系统来完成

【参考答案及解析】B。变更申请、变更评估和变更执行等必须以书面形式呈现！

精彩讲解请扫描二维码观看。

高频核心考点 096：用什么处理合同变更

合同变更的处理由合同变更控制系统来完成。

合同变更控制系统是项目整体变更控制系统的一部分。

高频指数 ★★★

速记方法

注意：合同变更控制系统是项目整体变更控制系统的一部分。

真题再现

合同变更的处理由（　　　）来完成。

A. 配置管理系统

B. 变更控制系统

C. 发布管理系统

D. 知识管理系统

【参考答案及解析】B。合同变更的处理由合同变更控制系统来完成，合同变更控制系统是项目整体变更控制系统的一部分。

精彩讲解请扫描二维码观看。

高频核心考点 097：合同变更控制系统的内容

合同变更控制系统包括：

（1）文书记录工作。

（2）跟踪系统。

（3）争议解决程序。

（4）各种变更所需的审批层次。

高频指数 ★★★

速记方法

抓住四个关键词即可：记录、跟踪、争议、审批。

真题再现

合同变更控制系统用来规范合同变更，保证买卖双方在合同变更过程中达成一致，其内容不包括（   ）。

A. 变更跟踪系统

B. 变更书面记录

C. 变更争议解决程序

D. 合同审计程序

【参考答案及解析】D。对于合同变更控制系统的内容，抓住四个关键词：记录、跟踪、争议、审批。

精彩讲解请扫描二维码观看。

高频核心考点 098：合同变更的原则

"公平合理"是合同变更的处理原则！

变更合同价款，可以体现公平合理的原则，按下列方法进行：

（1）首先确定合同变更量清单，然后确定变更价款。

（2）合同中已有适用于项目变更的价格，按合同已有的价格变更合同价款。

（3）合同中只有类似于项目变更的价格，可以参照类似价格变更合同价款。

（4）合同中没有适用或类似项目变更的价格，由承包人提出适当的变更价格，经监理工程师和业主确认后执行。

高频指数　★★★

速记方法

从以下 4 点体现"公平合理"：

（1）先有变更量，才有变更价。

（2）合同中已有，按合同已有的。

（3）合同中只有类似，参照类似。

（4）合同中没有，承包人提出，监理工程师和业主确认。

真题再现

关于合同变更的描述，不正确的是（　　）。

A. 对于任何变更的评估都应该有变更影响分析

B. 合同变更时应首先确定合同变更价款，然后确定合同变更量清单

C. 合同中已有适用于项目变更的价格，按合同已有的价格变更合同条款

D. 合同变更申请、变更评估和变更执行等必须以书面形式呈现

【参考答案及解析】B。应该先有变更量，才有变更价。

精彩讲解请扫描二维码观看。

高频核心考点 099：合同变更的流程

合同变更控制系统的一般处理程序（变更流程）：

（1）变更的提出。合同签约各方都可以向监理单位（或变更控制委员会）提出书面的合同变更请求。

（2）变更请求的审查。合同签约各方提出的合同变更要求和建议，必须首先交由监理单位（或变更控制委员会）审查，监理单位提出合同变更请求的审查意见，并报业主。

（3）变更的批准。监理单位（或变更控制委员会）批准或拒绝变更。

（4）变更的实施。在组织业主与承包人就合同变更及其他有关问题协商达成一致意见后，由监理单位（或变更控制委员会）正式下达合同变更指令，承包人组织实施。

高频指数　★★★

速记方法

抓住几个关键词即可：提出→审查→批准→实施。

真题再现

合同变更一般包括以下活动：①变更实施；②变更请求审查；③变更批准；④变更提出。上述活动正确的排列顺序是（　　）。

A. ①②③④

B. ④②③①

C. ④①②③

D. ④③①②

【参考答案及解析】B。关于合同变更流程，抓住几个关键词即可：提出→审查→批准→实施。

精彩讲解请扫描二维码观看。

高频核心考点100：合同变更小结

问题一：哪些原因会造成合同变更？（范围、成本、进度、质量和人员等的变更会引起合同变更）

问题二：怎么提出变更？（必须以书面形式）

问题三：用什么处理变更？（合同变更控制系统，它是整体变更控制系统的一部分）

问题四：变更控制系统的内容？（文书记录、跟踪系统、争议解决程序、变更的审批层次）

问题五：变更的原则是什么？（公平合理）

问题六：变更的流程是什么？（提出→审查→批准→实施）

高频指数 ★★★★★

速记方法

按照高频核心考点092～099所介绍的方法和要点速记、理解。

真题再现

当（　　）时，合同可能认定为无效。

A. 合同甲乙双方损害了社会共同利益

B. 合同标的规格约定不清

C. 合同中缺少违约条款

D. 合同中包括对人身伤害的免责条款

【参考答案及解析】A。合同必须以法律事实为依据，而法律以保障社会共同利益为根本目标。损害了社会共同利益意味着可能违反相关法律，所以合同可能认定为无效。B、C、D的情形，可以参照公平合理的原则进行处理。

精彩讲解请扫描二维码观看。

高频核心考点101：合同违约的情形和注意事项

问题一：承建单位严重违约，怎么办？

答：可部分或全部终止合同，并采取善后控制措施。

问题二：承建单位有质量问题，怎么办？

答：监理单位可要求承建单位无偿返工整改，由此造成逾期交工的，承建单位应赔偿逾期违约金！

问题三：因不可抗力导致项目费用增加和延期，怎么办？

答：由建设单位和承建单位双方分别承担，具体承担比例需双方协商解决。

问题四：在不可抗力事件结束后，承建单位该怎么办？

答：在不可抗力事件结束后的约定时间内，承建单位应向监理单位通报受害情况及预计清理和修复费用。

高频指数 ★★★

速记方法

（1）明确是谁违约。这里指的都是承建方（乙方）违约。

（2）承建方违约，那就意味着建设方（甲方）是主动的，甲方说了算。

真题再现

根据合同违约管理的有关规定，以下叙述中，不正确的是（　　）。

A. 承建单位有质量问题的，监理单位可要求承建单位无偿返工整改，由此造成逾期交工的，承建单位应赔偿逾期违约金

B. 承建单位出现严重违约，监理单位应该采取善后措施，不能终止合同

C. 因不可抗力导致项目费用增加和延期，由建设单位和承建单位协商解决

D. 在不可抗力事件结束后的约定事件内，承建单位应向监理单位通报受害情况及预计清理和修复费用

【参考答案及解析】B。承建方违约，那就意味着建设方（甲方）是主动的，甲方说了算。此时，（建设方）甲方可部分或全部终止合同。

精彩讲解请扫描二维码观看。

110

高频核心考点 102：合同索赔的情形和性质

问题一：属于客观原因造成的延期、属于业主（甲方、发包方）也无法预见到的情况，如特殊反常天气，怎么赔？

答：对提出的合同索赔，凡属于客观原因造成的延期、属于业主也无法预见到的情况，如反常天气，达到合同里反常天气的约定条件，承包商可能得到延长工期的许可，但得不到费用补偿。

问题二：属于业主方面（甲方、发包方）的原因造成拖延工期，怎么赔？

答：对于属于业主方面的原因造成的延工，不仅应给承包商延长工期，还应给予费用补偿。

问题三：索赔的性质是什么？是惩罚吗？

答：索赔的性质是补偿，而不是惩罚。

高频指数 ★★★

速记方法

（1）明确是谁索赔？这里指的都是承建方（乙方）索赔。

（2）承建方索赔，意味着建设方（甲方）违约，但并不是乙方说了算，只是得到补偿而已。

真题再现

某项工程需在室外进行线缆铺设，但由于连续大雨造成承建方一直无法施工，开工日期比计划晚了 2 周（合同约定持续 1 周以内的天气异常不属于反常天气），给承建方造成一定的经济损失。承建方若寻求补偿，应当（　　　）。

A. 要求延长工期补偿　　　　　　　B. 要求费用补偿

C. 要求延长工期补偿、费用补偿　　D. 自己克服

【参考答案及解析】 A。对提出的合同索赔，凡属于客观原因造成的延期、属于业主也无法预见到的情况，如反常天气，达到合同里反常天气的约定条件（题干里的 2 周已经超出"1 周以内的天气异常不属于反常天气"的约定），所以，承包商可能得到延长工期的许可，但得不到费用补偿。

精彩讲解请扫描二维码观看。

高频核心考点 103：合同索赔的流程

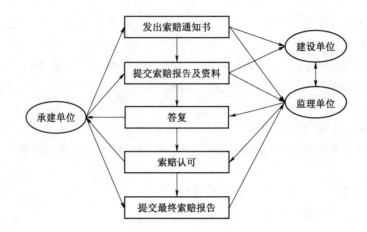

速记方法

（1）注意三方的位置和名称：左—承建；右上—建设；右下—监理。

（2）注意几个 28 天：

1）索赔事项发生后的 28 天内，提出索赔要求，而且是向监理工程师提出。

2）索赔通知书发出后的 28 天内，提交索赔资料。

3）监理工程师收到资料之后，28 天内回复。

真题再现

索赔是合同管理的重要环节，甲单位在进行某一工程项目时，于 2015 年 3 月 1 日发生了一项索赔的事项，则需在（　　）提出索赔意向通知。

A. 2015 年 3 月 29 日前向建设方项目经理

B. 2015 年 3 月 31 日前向监理工程师

C. 2015 年 3 月 29 日前向监理工程师

D. 2015 年 3 月 31 日前向建设方项目经理

【参考答案及解析】C。索赔事项发生后的 28 天内，提出索赔要求，而且是向监理工程师提出。

精彩讲解请扫描二维码观看。

高频核心考点 104：合同索赔纠纷调解和诉讼的流程

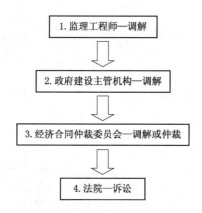

高频指数 ★★

速记方法

经济合同仲裁委员虽具有法律权力和效力，但不是直接仲裁，而是先调解。

真题再现

工程建设合同纠纷由合同双方选定的仲裁委员会仲裁，仲裁委员会作出裁决以后，当事人应当履行。当一方当事人不履行仲裁裁决时，另一方当事人可以依照民事诉讼法的有关规定向（　　）申请执行。

A. 当地人民政府

B. 人民法院

C. 仲裁委员会

D. 调解委员会

【参考答案及解析】B。诉讼只有人民法院才能受理；仲裁委员会只能调解或仲裁。

精彩讲解请扫描二维码观看。

高频核心考点 105：合同内容和签订合同的注意事项

合　同　内　容	签订合同的注意事项
（1）当事人各自的权利、义务	（1）当事人的法律资格
（2）承建方工作成果提交的期限	（2）验收时间
（3）质量要求	（3）质量验收标准
（4）建设方基础资料提交的期限	（4）技术支持服务
（5）项目费用及支付方式	（5）保密约定
（6）项目变更约定	（6）合同附件
（7）违约责任	（7）损害赔偿
（8）其他协作条件	（8）法律公证

高频指数 ★★★

速记方法

合同内容与签订合同的注意事项二者息息相关，用"对比、关联"法记忆，见上表。

真题再现

签订信息系统工程项目合同时有需要注意事项。下列选项中（　　）在合同签订时不要考虑。

A. 当事人的法律资格

B. 验收标准

C. 项目管理计划

D. 技术支持服务

【参考答案及解析】C。当事人的法律资格、验收标准和技术支持服务等都是在合同签订时要考虑的。

精彩讲解请扫描二维码观看。

高频核心考点 106：合同管理其他知识点

1. 合同管理的内容

（1）内容：签订管理、履行管理、变更管理、档案管理、文本管理。

（2）档案管理是基础。

（3）合同文本管理包括正本和副本管理、合同文件格式管理等内容。

在文本格式上，为了限制执行人员随意修改合同，一般要求采用计算机打印文本，手写的旁注和修改等不具有法律效力。

2. 有效合同：符合国家法律法规

3. 无效合同：违法国家法律法规

4. 合同约定不明的情形

比如，质量要求不明确的，按国家标准、行业标准、产品通常标准等的要求执行。

高频指数 ★★★

速记方法

注意：合同要采用计算机打印文本，手写的旁注和修改等不具有法律效力。

真题再现

以下关于合同管理的叙述中不正确的是（   ）。

A. 合同管理主要包括合同签订管理，合同履行管理，合同变更管理和合同档案管理

B. 有多重因素会导致合同变更，例如范围变更，成本变更，质量要求的变更甚至人员变更都可能引起合同的变更甚至重新签订

C. 公平合理是合同变更的处理原则之一

D. 合同一般要求采用计算机打印文本，手写的旁注和修改等同样具有法律效力

【参考答案及解析】D。手写的旁注和修改等不具有法律效力。

精彩讲解请扫描二维码观看。

高频核心考点 107：对采购的理解

1. 狭义的采购

(1) 买办公耗材（付款、拿货，不签合同）。

(2) 买服务器等网络硬件设备（付款、拿货，不签合同）。

(3) 买生产原材料（付款、拿货，不签合同）。

2. 广义的采购

(1) 建设方与承建方签项目承包合同，采购的是服务。

(2) 组建项目团队，采购的是资源——人力资源（签劳动合同）。

(3) 外包，采购的是服务（签外包合同）。

高频指数

速记方法

注意：在项目管理中，更多的是广义的采购；采购跟合同管理息息相关！实施采购本质就是招标（选择卖方）、签合同。控制采购的本质就是监督合同的实施情况！

真题再现

下列哪个是实施采购过程的输出结果？（　　）

A. 采购文件和采购工作说明书

B. 选中的卖方和合同

C. 采购谈判和独立估算

D. 需求文档和风险登记册

【参考答案及解析】B。在项目管理中，更多的是广义的采购；采购跟合同管理息息相关！实施采购本质就是：招标（选择卖方）、签合同。A 是实施采购的输入；C 是实施采购的工具与技术；D 是编制采购管理计划的输入。

精彩讲解请扫描二维码观看。

高频核心考点 108：采购管理的 4 个过程

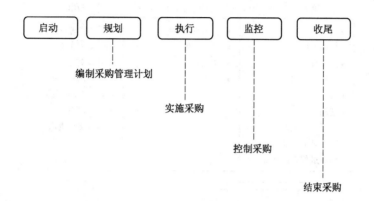

高频指数 ★

速记方法

注意：在项目管理的五大过程组当中，收尾过程组只有两个过程：
(1) 项目收尾（属于整体管理的知识领域）。
(2) 结束采购（属于采购管理的知识领域）。

真题再现

下列哪个过程属于项目管理的收尾过程组？（　　）
A. 范围核实
B. 控制采购
C. 结束采购
D. 监督和控制项目工作

【参考答案及解析】C。收尾过程组只有两个过程：项目收尾和结束采购。A、B、D 都是属于项目管理的控制过程组。

精彩讲解请扫描二维码观看。

高频核心考点 109：编制采购管理计划的重要 ITTO

输入	工具与技术	输出
• 项目管理计划 • 需求文档 • 风险登记册 • 活动资源需求 • 项目进度 • 活动成本估算 • 干系人登记册 • 事业环境因素 • 组织过程资产	• 自制/外购决策 • 专家判断 • 市场调研 • 会议	• 采购管理计划 • 采购工作说明书 • 采购文件 • 供方选择标准 • 自制/外购决策 • 变更申请 • 项目文件更新

高频指数 ★★★

速记方法

（1）编制采购管理计划的重要输入（I）：需求文档、活动成本估算。

（2）编制采购管理计划的重要工具与技术（TT）：自制/外购分析。

（3）编制采购管理计划的重要输出（O）：采购管理计划、采购工作说明书。

真题再现

项目经理赵某负责公司的大数据分析平台项目，搭建该平台需要大规模的计算能力。经过市场调研，国内 A 公司可提供大规模计算服务。赵某在编制项目的采购计划时，正确的做法是（　　）。

A. 直接把 A 公司的在规模计算服务列入采购计划

B. 将国际上最先进的高性能计算服务器列入采购计划

C. 考虑项目管理计划、项目需求文档、活动成本估算等输入

D. 以 A 公司的采购政策和工作程序作为采购指导

【参考答案及解析】C。需求文档、活动成本估算是编制采购管理计划的重要输入。

精彩讲解请扫描二维码观看。

高频核心考点 110：自制 /外购分析的注意事项

什么时候不该自制而该外购？

（1）项目的执行组织可能有能力自制，但是可能与其他项目有冲突。

（2）自制成本明显高于外购。

自制/外购分析的注意事项：

（1）任何预算限制都可能是影响"自制/外购"决定的因素。

（2）总价合同对进行"自制/外购"分析过程有影响。

（3）如果决定购买，还要进一步决定是购买还是租借。

（4）"自制/外购"分析应该考虑所有相关的成本，无论是直接成本还是间接成本。在考虑外购时，分析应包括购买该项产品时实际支付的直接成本，也应包括购买过程的间接成本。

（5）在进行"自制/外购"过程中也要确定合同的类型，以决定买卖双方如何分担风险。而双方各自承担的风险程度，则取决于具体的合同条款。

高频指数 ★★★★★

速记方法

（1）到底采用自制还是外购？主要考虑两点：时间是否冲突；成本的高低。

（2）但凡跟钱有关的（如：所有预算、合同总价、所有相关成本）都会影响自制/外购分析。

真题再现

关于"自制/外购"分析的描述，不正确的是（　　）。

A. 有能力自行研究某种产品的情况下，也有可能需要外部采购

B. 决定外购后，需要进一步分析是购买还是租借

C. 总价合同对进行"自制/外购"分析过程没有影响

D. 任何预算限制都可能影响"自制/外购"分析

【参考答案及解析】C。但凡跟钱有关的（如：所有预算、合同总价、所有相关成本）都会影响自制/外购分析。

精彩讲解请扫描二维码观看。

高频核心考点 111：采购工作说明书

采购工作说明书中的信息有规格说明书、期望的数量和质量的等级、性能数据、履约期限、工作地点以及其他要求。采购工作说明书包含对即将所采购的产品的描述，同时也包含范围基准和合同相关的那部分项目工作。

高频指数 ★★★★★

速记方法

（1）注意区别几个术语：

1）工作说明书：对项目所要提供的产品或服务的叙述性的描述。

2）项目范围说明书：通过明确项目应该完成的工作来确定项目的范围。

3）范围基准：被批准的项目范围的说明书。

4）采购工作说明书：来自项目范围基准，定义了与合同相关的那部分项目范围。

（2）工作说明书虽有"工作"的字眼，却对应产品或服务；项目范围说明书对应"工作"。

真题再现

以下关于工作说明书（SOW）的叙述中，不正确的是（　　）。

A. SOW 的内容主要包括服务范围、方法、假定、工作量、变更管理等

B. 内部的 SOW 有时可称为任务书

C. SOW 的变更应由项目变更控制过程进行管理

D. SOW 通过明确项目应该完成的工作来确定项目范围

【参考答案及解析】D。工作说明书虽有"工作"的字眼，但应该对应产品或服务才对。D 选项描述的反而是项目范围说明书，因为，项目范围说明书对应"工作"。

精彩讲解请扫描二维码观看。

高频核心考点 112：实施采购的重要 ITTO

输入	工具与技术	输出
• 采购管理计划	• 投标人会议	• 选中的卖方
• 采购文件	• 建议书评价技术	• 合同
• 供方选择标准	• 独立估算	• 资源日历
• 卖方建议书	• 专家判断	• 变更请求
• 项目文件	• 刊登广告	• 项目管理计划更新
• 自制/外购决策	• 分析技术	• 项目文件更新
• 采购工作说明书	• 采购谈判	
• 组织过程资产		

高频指数 ★★★

速记方法

（1）实施采购的重要输入：采购管理计划。

（2）实施采购的重要工具与技术：投标人会议、独立估算、采购谈判。

（3）实施采购的重要输出：合同。

真题再现

采购人员按照（　　）的安排实施采购活动。

A. 采购工作说明书

B. 需求文档

C. 活动资源需求

D. 采购计划

【参考答案及解析】D。实施采购的重要输入：采购管理计划。采购管理计划包含更广泛的内容，含合同类型和多方协调。而采购工作说明书虽也包含范围基准和合同相关的那部分项目工作，但是其侧重对采购对象的具体描述。

精彩讲解请扫描二维码观看。

高频核心考点113：投标人会议

（1）投标人会议（也称为发包会、承包商会议、供应商会议、投标前会议或竞标会议）是指在准备建议书之前与潜在供应商举行的会议。

（2）投标人会议用来确保所有潜在供应商对采购目的（如技术要求和合同要求等）有一个清晰的、共同的理解。

（3）对供应商问题的答复可能作为修订条款包含到采购文件中。

（4）在投标人会议上，所有潜在供应商都应得到同等对待，以保证一个好的招标结果。

高频指数 ★★★★

速记方法

理解：招标之前就要先提前开会，是为了让供应商更好地理解招标要求；并且遵循平等、公开、公正、公平的原则。

真题再现

小王作为某项目的项目经理，采用投标人会议的方式选择卖方。以下做法中，正确的是（　　）。

A. 限制参会者提问的次数，防止少数人问太多问题

B. 防止参会者私下提问

C. 小王不需要参加投标人会议，只需采购管理员参与即可

D. 设法获得每个参会者的机密信息

【参考答案及解析】B。B是正确的，因为在投标人会议上，所有潜在供应商都应得到同等对待，以保证一个好的招标结果。所以，私下提问就不是同等待遇了，因此要防止参会者私下提问。A是错误的，因为问得越多越有利于让供应商更好地理解招标要求；C是错误的，因为小王作为项目经理需要参加投标人会议；D是错误的，有损平等、公开、公正、公平的原则。

精彩讲解请扫描二维码观看。

高频核心考点 114：控制采购的重要 ITTO

输入	工具与技术	输出
● 项目管理计划 ● 采购文件 ● 合同 ● 批准的变更请求 ● 工作绩效报告 ● 工作绩效数据	● 合同变更控制系统 ● 检查与审计 ● 采购绩效审查 ● 报告绩效 ● 支付系统 ● 索赔管理 ● 记录管理系统	● 工作绩效信息 ● 变更请求 ● 项目管理计划更新 ● 项目文件更新 ● 组织过程资产更新

高频指数 ★★★★

速记方法

(1) 控制采购的本质是：监督合同的实施情况，必要时采取变更和纠正措施。

(2) 控制采购的重要输入：采购文件、合同。

(3) 控制采购的重要工具与技术：合同变更控制系统、检查与审计、采购绩效审查。

(4) 控制采购的重要输出：工作绩效信息。

真题再现

（　　）不属于控制采购的工具与技术。

A. 工作绩效信息

B. 合同变更控制系统

C. 采购绩效审计

D. 检查与审计

【参考答案及解析】A。工作绩效信息是控制采购的输出；合同变更控制系统、检查与审计、采购绩效审查是控制采购的重要工具与技术。

精彩讲解请扫描二维码观看。

123

高频核心考点 115：结束采购的重要 ITTO

输入	工具与技术	输出
• 项目管理计划 • 采购文件 1. 结束的合同 2. 合同收尾程序	• 采购审计 • 采购谈判 • 记录管理系统	• 结束的采购 • 组织过程资产更新

高频指数

速记方法

采购的本质都是围绕着合同进行的，所以离不开合同。

（1）结束采购的重要输入：采购文件里的"结束的合同"和"合同收尾程序"。

（2）结束采购的重要工具与技术：采购审计。

真题再现

（　　）不属于结束采购的输入。

A. 采购文件

B. 采购审计

C. 结束的合同

D. 合同收尾程序

【参考答案及解析】B。采购审计是结束采购的工具与技术；采购文件里的"结束的合同"和"合同收尾程序"是结束采购的重要输入。

精彩讲解请扫描二维码观看。

高频核心考点 116：采购审计的定义和作用

（1）采购审计的定义：从编制采购管理计划到结束采购的整个采购过程中，采购审计对采购进行系统的审查。

（2）采购审计的作用：采购审计的目标是找出本次采购的成功和失败之处，以供买方组织内的其他项目借鉴。

高频指数 ★★★

速记方法

一句话理解，采购审计对采购从头到尾进行审查，找出经验教训（成功和失败之处），供以后借鉴。

真题再现

某项采购已经到了合同收尾阶段，为了总结这次采购过程中的经验教训，以供公司内的其他项目参考借鉴，公司应组织（   ）。

A. 业绩报告

B. 采购评估

C. 项目审查

D. 采购审计

【参考答案及解析】D。采购审计对采购从头到尾进行审查，形成经验和教训（成功和失败之处），供以后借鉴。

精彩讲解请扫描二维码观看。

高频核心考点 117：常见的知识产权及其特性

（1）在本门课程的考试当中，常考的知识产权是著作权、专利权、商标权三个。

（2）知识产权的特性有 4 个：

1）无体性。知识产权的对象是没有具体形体，不能用五官触觉去认识，不占任何空间但能以一定形式被人们感知的智力创造成果，是一种抽象的财富。

2）专有性。知识产权的专有性是指除权利人同意或法律规定外，权利人以外的任何人不得享有或使用该项权利。除非通过"强制许可""合理使用"或者"征用"等法律程序，否则权利人独占或垄断的专有权利受到严格保护，他人不得侵犯。

3）地域性。知识产权所有人对其智力成果享有的知识产权在空间上的效力要受到地域的限制，这种地域性特征是它与有形财产权的一个核心区别。知识产权的地域性是指知识产权只在授予其权利的国家或确认其权利的国家产生，并且只能在该国范围内受法律保护，而其他国家则对其没有必须给予法律保护的义务。

4）时间性。知识产权时间性的特点表明，这种权利仅在法律规定的期限内受到保护，一旦超过法律规定的有效期限，这一权利就自行消灭，相关知识产品即成为整个社会的共同财富，为全人类所共同使用。

高频指数

速记方法

（1）口诀："时间地点人物＋无体"。时间→时间性；地点→地域性；人物→专有性（专属某人）。

（2）无体性：没有具体形态，是抽象的。

真题再现

（　　）不属于知识产权的基本特征。

A．时间性　　　　　B．地域性　　　　　C．专有性　　　　　D．实用性

【参考答案及解析】D。口诀："时间地点人物＋无体"。时间→时间性；地点→地域性；人物→专有性（专属某人）；无体性→没有具体形态，是抽象的。实用性不属于其基本特征。

精彩讲解请扫描二维码观看。

高频核心考点118：知识产权的保护年限

1. 著作权：50年
2. 专利权
(1) 发明专利的保护年限是20年。
(2) 实用新型专利的保护年限是10年。
(3) 外观专利的保护年限是10年。
3. 商标权

注册商标的有效期为10年，自核准注册之日起计算。注册商标有效期满，需要继续使用的，应当在期满前6个月内申请续展注册；在此期间未能提出申请的，可以给予6个月的宽展期。

高频指数 ★

速记方法

(1) 知识产权按保护年限从大到小排序：著作→专利（发明→实用→外观）→商标。
(2) 与 (1) 相应的保护年限：　　　　　　50　　　　　→20　→10　　→10　　　→10。

真题再现

发明专利的保护年限是（　　）年。

A. 10

B. 20

C. 30

D. 50

【参考答案及解析】B。发明专利的保护年限是20年。

精彩讲解请扫描二维码观看。

高频核心考点 119：招投标法

公开招标、邀请招标和不招标（竞争性谈判，单一采购，询价）适用情形：

（1）公开招标：针对公众的、国家的或国际的项目。

（2）邀请招标：针对技术复杂、有特殊要求、只有少数潜在投标人可供选择的情形。

（3）不招标：

1）竞争谈判：针对允许二次报价，无法确定详细工作和金额等情形。

2）单一采购：针对涉及不可替代的专利或专有技术或国家机密的情形。

3）询价：针对规格标准统一、货源充足、价格幅度小的情形。

高频指数 ★★★★★

速记方法

近年来，招投标法这部分的考题没有涉及太多课外的内容，基本上都是考核教材上的内容。重点理解"3 人、5 人、5 日、15 日、20 日、30 日、2％、10％"等的适用情形，比如"……5 人以上单数""……30 日之内签合同""……投标保证金……的 2％"等内容。这个模块，没有太多速成的办法，务必仔细看书：

（1）第二版中级教材《系统集成项目管理工程师教程》（见参考文献［1］）234～235页，开标与评标、选定项目承建方。

（2）第二版中级教材《系统集成项目管理工程师教程》（见参考文献［1］）479～482页，招投标。

真题再现

根据 2019 年修订的《中华人民共和国招投标法实施条例》，招标文件要求中标人要提交履约保证金的，履约保证金不得超过中标合同金额的（　　）。

A. 2％　　　　　　　B. 5％　　　　　　　C. 10％　　　　　　　D. 15％

【参考答案及解析】C。招标文件要求中标人提交履约保证金的，中标人应当按照招标文件的要求提交，履约保证金不得超过中标合同金额的 10％；招标人在招标文件中要求投标人提交投标保证金的，投标保证金不得超过招标项目估算价的 2％。

精彩讲解请扫描二维码观看。

高频核心考点 120：标准规范

GB：强制性国家标准，包含全文强制、条文强制。

GB/T：推荐性国家标准。

GB/Z：指南类国家标准。

高频指数 ★★★

速记方法

（1）GB 是国家标准的简称"国标"（Guo Biao）二字第一个声母的组合。

（2）GB/T 里的 T 是推荐性国家标准的"推"（Tui）字的第一个声母。

（3）GB/Z 里的 Z 是指南类国家标准的"指"（Zhi）字的第一个声母。

（4）国家标准的有效期一般为 5 年（5 年复审一次）!

真题再现

关于标准分级与类型的描述，不正确的是（　　　）。

A. GB/T 指推荐性国家标准

B. 强制性标准的形式包含全文强制和条文强制

C. 国家标准一般有效期为 3 年

D. 国家标准的制定过程包括立项、起草、征求意见、审查、批准等阶段

【参考答案及解析】C。国家标准的有效期一般为 5 年（5 年复审一次）!

精彩讲解请扫描二维码观看。

2.2 项目全局相关

整体管理、范围管理、配置管理、变更管理、收尾管理

高频核心考点 121～165

高频核心考点 121：制订项目章程的重要 ITTO

输入	工具与技术	输出
• 项目工作说明书 • 商业论证 • 协议 • 组织过程资产 • 事业环境因素	• 专家判断 • 引导技术	• 项目章程

高频指数 ★★★★★

速记方法

（1）制订项目章程的重要输入（I）：项目工作说明书、商业论证、协议。

（2）制订项目章程的重要工具与技术（TT）：引导技术、专家判断。

（3）引导技术包含头脑风暴、会议管理、冲突解决等。

（4）制订项目章程的重要输出（O）：项目章程。

真题再现

（   ）不是制定项目章程的输入。

A. 项目工作说明书

B. 商业论证

C. 合同或谅解备忘录等协议

D. 项目成功标准

【参考答案及解析】D。制订项目章程的重要输入：项目工作说明书、商业论证、协议。

精彩讲解请扫描二维码观看。

高频核心考点 122：项目章程的作用和内容

1. 项目章程的作用
(1) 确定项目经理，规定项目经理的权力。
(2) 正式确认项目的存在，给项目一个合法的地位。
(3) 规定项目的总体目标，包括范围和质量、标准、时间、成本。
(4) 通过叙述启动项目的理由，把项目与组织的日常经营运作及战略计划等联系起来。

2. 项目章程的内容
(1) 概括性的项目描述和产品描述。
(2) 项目目的或批准项目的理由。
(3) 项目的总体要求，包括总体范围和质量要求。
(4) 可测量的项目目标和成功标准。
(5) 项目的主要风险。
(6) 总体的里程碑进度计划。
(7) 总体预算。
(8) 项目的审批要求。
(9) 委派的项目经理及职责和职权。
(10) 发起人或批准章程的人员姓名及职权。

高频指数 ★★★★★

速记方法

项目章程的作用有 4 点，项目章程的内容有 10 点，如果分开记忆的话，记忆量和难度都非常大。而这个又是高频考点，必须记忆！怎么办？实际上，"作用"和"内容"是息息相关的，"作用"需要通过"内容"来体现。通过关联性记住了"作用"，"内容"自然就记住了。

以下为记忆要点：
(1) 项目章程的作用抓住 4 个关键词即可：权力、地位、目标、战略。
(2) 把"作用"和"内容"关联起来，如下（带下划线的是项目章程的作用，分别配对项目章程的不同内容要点）：
作用：权力（规定项目经理的权力）。
内容：委派的项目经理及职责和职权（通过职权体现权力）。
内容：发起人或批准章程的人员姓名及职权（通过发起人的职权体现项目经理的权力）。

132

作用：地位（给项目一个合法地位）。

内容：概括性项目描述和产品描述（通过描述来争取地位）。

内容：项目的审批要求（通过审批的层次来体现地位）。

作用：目标（规定目标，包括范围和质量、标准、时间、成本）。

内容：项目的总体要求，包括总体范围和质量要求（对应目标的范围和质量）。

内容：可测量的项目目标和成功标准（对应目标的标准）。

内容：总体的里程碑进度计划（对应目标的时间）。

内容：总体预算（对应目标的成本）。

作用：战略（通过叙述项目的理由，把项目和组织的战略联系起来）。

内容：项目目的或批准项目的理由（通过批准的理由体现战略）。

内容：项目的主要风险（战略本身就有风险）。

真题再现

项目章程内容不包括（　　）。

A. 任命项目经理　　　　　　　　B. 组建项目团队

C. 项目总体要求　　　　　　　　D. 项目总体预算

【参考答案及解析】B。A 体现权力；C 体现目标；D 体现目标。类似题目每年都考。

精彩讲解请扫描二维码观看。

高频核心考点 123：项目管理计划的构成

十大知识领域	十三大管理计划和三大基准
• 整体管理	• 变更管理计划
• 范围管理	• 范围管理计划
• 进度管理	• 进度管理计划
• 成本管理	• 成本管理计划
• 质量管理	• 质量管理计划
• 人力资源管理	• 人力资源管理计划
• 沟通管理	• 沟通管理计划
• 风险管理	• 风险管理计划
• 采购管理	• 采购管理计划
• 干系人管理	• 干系管理计划
	• 需求管理计划
	• 过程改进计划
	• 配置管理计划
	• 成本基准
	• 范围基准
	• 进度基准

高频指数 ★★★★★

速记方法

（1）十大知识领域对应都有管理计划（整体对应变更，即整体变更控制）。
（2）外加 3 个管理计划（需求管理计划、过程改进计划、配置管理计划）。
（3）再加 3 个基准（成本基准、范围基准、进度基准）。

真题再现

（1）项目管理计划的内容不包括（　　）。
A. 范围管理计划与项目范围说明书　　B. 干系人管理计划与沟通管理计划
C. 进度管理计划与进度基准　　D. 成本管理计划与成本绩效
【参考答案及解析】D。项目范围说明书属于范围基准。但凡含"计划"或者"基准"

的字眼，都属于项目管理计划的构成内容。

（2）项目管理计划的内容不包括（　　）。

A．范围基准　　　　　　　　　　　B．过程改进计划

C．干系人管理计划　　　　　　　　D．资源日历

【参考答案及解析】D。但凡含"计划"或者"基准"的字眼，都属于项目管理计划的构成内容。

精彩讲解请扫描二维码观看。

高频核心考点 124：范围基准和项目范围说明书

1. 范围基准

（1）项目范围说明书。

（2）WBS。

（3）WBS 词典。

2. 项目范围说明书

（1）项目范围描述：项目的目标、需求、边界、可交付成果，以及达到成果所需的工作。

（2）产品范围描述。

（3）项目的制约因素、假设条件等。

高频指数 ★★★★★

速记方法

注意以下几点：

（1）WBS 即工作分解结构，就是把整个项目的工作细化。WBS 就是细化之后的结构。

（2）WBS 词典是对细化之后的小块工作单元（工作包）进行详细的描述。

（3）范围基准包含项目范围说明书，而项目范围说明书包含成果、工作、产品、制约因素等。

真题再现

（   ）不属于项目范围说明书的内容。

A. 批准项目的原因

B. 项目验收标准

C. 项目可交付成果

D. 项目的制约因素

【参考答案及解析】A。批准项目的原因是项目章程的内容。而项目范围说明书是根据项目章程作为输入而得出的。显然，批准项目的原因不是项目范围说明书的内容。

精彩讲解请扫描二维码观看。

高频核心考点 125：项目管理计划的内容

（1）为项目选择的生命周期模型。

（2）项目所选用的生命周期及各阶段将采用的过程。

（3）所使用的项目管理过程。

（4）每个特定项目管理过程的实施程度。

（5）用选定的过程来管理具体的项目，包括过程之间的依赖关系、基本的输入和输出。

（6）对完成这些过程的工具和技术的描述。

（7）执行工作来完成项目目标及对项目目标的描述。

（8）监督和控制变更，明确如何对变更进行监控。

（9）配置管理计划，用来明确如何开展配置管理。

（10）对维护项目绩效基线完整性的说明。

（11）与项目干系人进行沟通的要求和技术。

（12）解决某些遗留问题，对其内容、严重程度和紧迫程度进行关键管理评审。

高频指数 ★★★★★

速记方法

项目管理计划的内容有 12 条，经常考选择题。其实，只要抓住 8 个关键词都能掌握了。

（1）前 6 条，抓住：生命周期、过程。

（2）后 6 条，抓住：目标、变更（变更需要监控）、配置、基线、沟通、评审。

真题再现

以下关于项目管理计划的叙述中，不正确的是（　　）。

A. 项目管理计划最重要的用途是指导项目执行，监控和收尾

B. 项目管理计划是自上而下制定出来的

C. 项目管理计划集成了项目中其他规划过程的成果

D. 制定项目管理计划过程会促进与项目干系人之间的沟通

【参考答案及解析】B。关键词法：A 有监控（变更）；C 有过程；D 有沟通。

精彩讲解请扫描二维码观看。

高频核心考点 126：变更请求和批准的变更请求

指导和管理项目执行

输入	工具与技术	输出
• 项目管理计划	• 项目管理信息系统	• 可交付成果
• 批准的变更请求	• 专家判断	• 工作绩效数据
• 事业环境因素	• 会议	• 变更请求
• 组织过程资产		• 项目管理计划更新
		• 项目文件更新

实施整体变更控制

输入	工具与技术	输出
• 项目管理计划	• 变更控制工具	• 批准的变更请求
• 工作绩效报告	• 专家判断	• 变更日志
• 变更请求	• 会议	• 项目管理计划更新
• 事业环境因素		• 项目文件更新
• 组织过程资产		

高频指数 ★★★★★

速记方法

（1）指导和管理项目执行是执行过程组，执行发现问题，才能提出变更请求。

（2）实施整体变更控制是控制过程组，监控、评估之后，才能得出批准的变更请求。

真题再现

（　　）不属于指导与管理项目工作的输出。

A. 批准的变更请求　　　　　　　B. 工作绩效数据

C. 可交付成果　　　　　　　　　D. 项目管理计划更新

【参考答案及解析】A。批准的变更请求是执行组的输入，是控制组的输出。

精彩讲解请扫描二维码观看。

高频核心考点 127：WBS 的两种结构形式

1. 项目工作分解结构树形结构

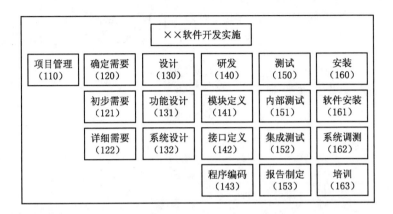

2. 项目工作分解结构表格形式

WBS 编码	工 作 任 务	工 期	负 责 人
1	硬件采购	2 个月	何波
2	第三方软件采购	2 个月	邓方
3	系统功能确定	5 个月	张杰
3.1	设备管理	1 个月	阳波
3.2	维护管理	1 个月	刘顺东
3.3	工单管理	1 个月	谢後
3.3.1	模块设计	5 天	段玉

高频指数 ★★★★

速记方法

抓住以下关键词：

（1）树形：优点是清晰、直观、适合小项目；缺点是不易修改、难表示大项目。

（2）表格：优点是易添加、易修改、适合大项目；缺点是不直观。

（3）树形和表格的优缺点正好相反。

下面关于 WBS 的描述，错误的是（　　　）。

A. WBS 是管理项目范围的基础，详细描述了项目所要完成的工作

B. WBS 最底层的工作单元称为工作包

C. 树型结构图的 WBS 层次清晰、直观、结构性强

D. 比较小的、简单的项目一般采用表格形式的 WBS 表示

【参考答案及解析】D。比较小的、简单的项目一般采用树型结构形式的 WBS 表示。

精彩讲解请扫描二维码观看。

高频核心考点 128：WBS 的作用和意义

（1）使项目一目了然、明确、清晰。

（2）保证了项目结构的系统性和完整性。

（3）使进度、成本和质量等便于执行和实现。

（4）便于责任划分和落实。

（5）可作为进度计划和控制的工具。

（6）为沟通提供依据。

（7）是控制措施制定的依据。

（8）防止需求和范围蔓延。

高频指数 ★★★★★

速记方法

（1）教材上的描述很长，按照以上的简化版理解即可。

（2）注意两个依据：沟通的依据、控制措施的依据。

（3）案例题常考，理解之后用自己的话描述出来即可。

真题再现

请简述 WBS 的作用都有哪些？

【答】（1）使项目一目了然，明确、清晰。

（2）保证了项目结构的系统性和完整性。

（3）进度、成本和质量等便于执行和实现。

（4）便于责任划分和落实。

（5）作为进度计划和控制的工具。

（6）为沟通提供依据。

（7）是控制措施制定的依据。

（8）防止需求和范围蔓延。

精彩讲解请扫描二维码观看。

高频核心考点 129：WBS 的分解原则

（1）在层次上保持项目的完整性，避免遗漏必要的组成部分。

（2）一个工作单元只能从属于某个上层单元，避免交叉从属。

（3）相同层次的工作单元应用相同性质。

（4）工作单元应能分开不同的责任者和不同的工作内容。

（5）便于满足项目管理计划和项目控制的需要。

（6）最底层工作应该具有可比性，是可管理的、可定量检查的。

（7）应包括项目管理工作，包括分包出去的工作。

（8）8/80 规则：以 8～80 小时能完成的工作为准。

（9）从逻辑上讲，不能再分了。

（10）所需资源、时间、成本等已经可以比较准确地估算，已经可以对其进行有效的时间、成本、质量、范围和风险控制。

（11）满足百分百规则的要求，即工作分解结构必须且只能包括 100％的工作。

（12）工作分解结构的编制需要所有项目干系人的参与，需要项目团队成员的参与。

（13）工作分解结构是逐层向下分解的。

（14）一般情况下，3～6 层为宜。

高频指数 ★★★★★

速记方法

原则包括很多条，全部记住不容易，抓住以下几个关键词，记住几点即可：

（1）避免遗漏、只属于某个上层、避免交叉、同层次同性质、8/80 规则、100％、3～6 层。

（2）其余的能看懂、能理解即可。

真题再现

关于工作分解结构（WBS）和工作包的描述，不正确的是（　　）。

A. 工作分解结构必须组只能包括 100％的项目工作

B. 工作分解结构的各要素应该相对独立，尽量减少相互交叉

C. 如果某个可交付成果规模较小、可以在短时间（80 小时）完成，就可以被当作工作包

D. 每个工作包只能属一个控制账户，每个控制账户只能包含一个工作包

【参考答案及解析】D。排除法：A、B、C 都正确，都良好地体现了 WBS 的分解原

则。控制账号是对工作包成本的跟踪和控制，每个工作包只能属一个控制账户，这是正确的；但是，每个控制账户也可以包含多个工作包的。

精彩讲解请扫描二维码观看。

高频核心考点 130：WBS 的分解步骤

（1）识别和分析可交付成果及相关工作。

（2）确定 WBS 的结构和编排方法。

（3）自上而下逐层细化分解。

（4）为 WBS 组件制定和分配标识编码。

（5）核实可交付成果分解的程度是否恰当。

高频指数 ★★

速记方法

注意两个关键词：自上而下、标识编码。

真题再现

以下关于工作分解结构（WBS）的叙述中，不正确的是（   ）。

A. WBS 是制定进度计划，成本计划的基础

B. 项目的全部工作都必须包含在 WBS 中

C. WBS 的编制需要主要项目干系人的参与

D. WBS 应采用自下而上的方式，逐层确定

【参考答案及解析】D。WBS 应自上而下逐层细化分解。

精彩讲解请扫描二维码观看。

高频核心考点 131：项目范围说明书的构成和内容

（1）产品范围：以"产品规格需求说明书"为依据。

（2）项目范围：以"项目管理计划、项目范围说明书、WBS、WBS词典"为依据。

（3）项目范围说明书：是对项目范围、主要可交付成果、假设条件和制约因素的描述。项目范围说明书记录了整个范围，包括项目范围和产品范围。项目范围说明书详细描述项目的可交付成果，以及为创建这些可交付成果而必须开展的工作。项目范围说明书可明确指出哪些工作不属于本项目范围。

高频指数 ★★★★★

速记方法

关于项目范围说明书，抓住以下几点：

（1）项目范围描述：项目的目标、需求、边界、可交付成果，以及达到成果所需的工作。

（2）产品范围描述。

（3）项目的制约因素、假设条件等。

真题再现

以下关于项目范围和产品范围的叙述中，不正确的是（　　）。

A. 项目范围是为了获得具有规定特性和功能的产品、服务和结果，而必须完成的项目工作

B. 产品范围是表示产品、服务和结果的特性和功能

C. 项目范围是否完成以产品要求作为衡量标准

D. 项目的目标是项目范围管理计划编制的一个基本依据

【参考答案及解析】C。项目范围是否完成应该以"项目管理计划、项目范围说明书、WBS、WBS词典"所规定的项目工作是否完成作为衡量标准。

精彩讲解请扫描二维码观看。

高频核心考点 132：范围基准的构成内容

范围基准的构成内容：

（1）项目范围说明书。

（2）WBS。

（3）WBS 词典。

高频指数 ★★★★★

速记方法

（1）两字要点："范、W"；"范" = 项目范围说明书，"W" = WBS、WBS 词典。

（2）注意：范围基准属于项目管理计划的构成内容之一，所以项目范围说明书、WBS、WBS 词典都属于项目管理计划。

真题再现

通常把被批准的详细的项目范围说明书和与之相关的（   ）作为项目的范围基准，并在整个项目的生命期内对之进行监控、核实和确认。

A. 产品需求

B. 项目管理计划

C. WBS 以及 WBS 字典

D. 合同

【参考答案及解析】C。范围基准包含项目范围说明书、WBS、WBS 词典，简称"范、W"。

精彩讲解请扫描二维码观看。

高频核心考点 133：范围管理计划的内容

范围管理计划的内容：

（1）制定详细项目范围说明书。

（2）根据详细项目范围说明书创建 WBS。

（3）维护和批准工作分解结构（WBS）。

（4）正式验收已完成的项目可交付成果。

（5）处理对详细项目范围说明书或 WBS 的变更。

高频指数 ★★

速记方法

该考点常见的考题形式是案例题：

（1）用关键词法记忆：制定范围→创建 WBS →维护 WBS →验收→变更。

（2）理解：验收成果，发现问题之后，要进行纠正，纠正就是变更。

真题再现

简述范围管理计划的内容。

【答】（1）制定详细项目范围说明书。

（2）根据详细项目范围说明书创建 WBS。

（3）维护和批准工作分解结构（WBS）。

（4）正式验收已完成的项目可交付成果。

（5）处理对详细项目范围说明书或 WBS 的变更。

（也可以用关键词"制定范围→创建 WBS →维护 WBS →验收→变更"结合自己的语言展开回答）

精彩讲解请扫描二维码观看。

高频核心考点 134：需求管理计划的内容

需求管理计划的主要内容至少包括：

（1）规划、跟踪和报告各种需求活动。

（2）配置管理活动，例如，启动产品变更，分析其影响，进行追溯、跟踪和报告以及变更审批权限。

（3）需求优先级排序过程。

（4）产品测量指标及使用这些指标的理由。

（5）反映哪些需求属性将被列入跟踪矩阵的跟踪结构。

（6）收集需求的过程。

高频指数

速记方法

考题形式是案例题，抓住关键词"规划→配置→排序→指标→矩阵→过程"展开回答。

真题再现

简述范围管理计划的内容。

【答】（1）规划、跟踪和报告各种需求活动。

（2）配置管理活动，例如，启动产品变更，分析其影响，进行追溯、跟踪和报告以及变更审批权限。

（3）需求优先级排序过程。

（4）产品测量指标及使用这些指标的理由。

（5）反映哪些需求属性将被列入跟踪矩阵的跟踪结构。

（6）收集需求的过程。

（也可以根据关键词"规划→配置→排序→指标→矩阵→过程"结合自己的语言展开回答）

精彩讲解请扫描二维码观看。

高频核心考点 135：收集需求的工具与技术——群体创新技术

群体创新技术包含：

（1）头脑风暴法，用来产生和收集对项目需求和产品需求的多种创意，本身不含投票和排序，但常与其他方法（含投票和排序）组合使用。

（2）名义技术小组，用于促进头脑风暴，通过投票排序最有用的创意，以便于进一步开展头脑风暴或优先排序。

（3）概念/思维导图，为把从头脑风暴中获得的创意合成一张图，以反映创意之间的共性和差异，激发新的创意。

（4）亲和图，分析大量的创意进行，以便于进一步审查和分析。

（5）多标准决策分析，借助决策矩阵，用系统分析方法建立诸如风险水平、不确定性和价值收益等多种标准，从而对众多方案进行评估（创意）和排序。

高频指数 ★★★★

速记方法

抓住关键特征"产生→排序→合成、激发→分析→评估"：

（1）头脑风暴法→产生创意。（头脑产生）

（2）名义技术小组→排序创意。（名义排序）

（3）概念/思维导图→合成、激发创意。（思维激发）

（4）亲和图→分析创意。（亲和分析）

（5）多标准决策分析→评估（创意）。（多标准评估）

真题再现

在群体创新技术中，名义技术小组的主要功能和作用是（   ）。

A. 分析大量的创意进行，以便于进一步审查和分析。

B. 用系统分析方法建立诸如风险水平、价值收益等多种标准，从而对众多方案进行评估

C. 用于促进头脑风暴，通过投票排序最有用的创意，以便于进一步开展头脑风暴或排序

D. 把从头脑风暴中获得的创意合成一张图，以反映创意之间的共性和差异，激发新的创意

【参考答案及解析】C。名义技术小组→排序创意！

精彩讲解请扫描二维码观看。

高频核心考点 136：收集需求的工具与技术——群体决策技术

群体决策技术包含：

（1）一致同意。

（2）大多数原则。

（3）相对多数原则。

（4）独裁。

高频指数 ★★★★★

速记方法

主要是理解，理解即可秒记：

（1）一致同意→100％。

（2）大多数原则→如60％、40％（只有双方，其中一方大于50％）。

（3）相对多数原则→如40％、35％、25％（三方以上，其中一方不一定大于50％，但是最大）。

（4）独裁→单独1个人说了算。

真题再现

项目经理组织所有团队成员对三个技术方案进行投票：团队成员中的45％选择方案甲；35％选择方案乙；20％选择方案丙，因此，方案甲被采纳。该项目采用的群体决策方法是（　　）。

A. 一致同意

B. 大多数原则

C. 相对多数原则

D. 独裁

【参考答案及解析】C。45％、35％、20％（三方，其中一方不一定大于50％，但是最大），属于相对多数原则。

精彩讲解请扫描二维码观看。

高频核心考点 137：范围确认的重要 ITTO

输入	工具与技术	输出
• 项目管理计划 • 需求文件 • 需求跟踪矩阵 • 核实的可交付成果 • 工作绩效数据 • 采购管理计划 • 采购文件 • 供方选择标准	• 检查 • 群体决策技术 • 投标人会议 • 建议书评价技术 • 独立估算 • 专家判断	• 验收的可交付成果 • 工作绩效信息 • 变更请求 • 项目文件更新 • 选中的卖方 • 合同 • 资源日历

高频指数　★★★

速记方法

（1）重要输入：核实的可交付成果。

（2）工具与技术：检查、群体决策技术（含：一致同意、大多数原则、相对多数原则、独裁）。

（3）重要输出：验收的可交付成果。

真题再现

确认项目范围是验收项目可交付成果的过程，其中使用的方法是（　　）。

A. 检查和群体决策技术

B. 验证和决策

C. 检查和群体创新技术

D. 验证和审查

【参考答案及解析】A。范围确认的工具与技术：检查、群体决策技术（含：一致同意、大多数原则、相对多数原则、独裁）。

精彩讲解请扫描二维码观看。

高频核心考点 138：软件文档的种类

（1）开发文档，描述开发过程本身，基本的开发文档是：

1）可行性研究报告和项目任务书。

2）需求规格说明。

3）功能规格说明。

4）设计规格说明，包括程序和数据规格说明。

5）开发计划。

6）软件集成和测试计划。

7）质量保证计划。

8）安全和测试信息。

（2）产品文档，描述开发过程的产物，基本的产品文档包括：

1）培训手册。

2）参考手册和用户指南。

3）软件支持手册。

4）产品手册和信息广告。

（3）管理文档，记录项目管理的信息，例如：

1）开发过程的每个阶段的进度和进度变更的记录。

2）软件变更情况的记录。

3）开发团队的职责定义。

高频指数 ★★★★

速记方法

（1）三类文档，特征：

1）开发文档→注重"过程"。

2）产品文档→注重"结果"。

3）管理文档→注重"记录"。

（2）产品文档和管理文档比较少，只需要记住这两类文档的类型，剩下的自然就是开发文档了，产品文档和管理文档的记忆，抓住几个关键字：

1）含"手册、指南、广告"字眼的→产品文档。

2）含"进度、变更、定义"字眼的→管理文档。

3）其他剩下的→开发文档。

质量保证计划属于软件文档中的（　　　）。

A. 开发文档　　　　B. 产品文档　　　　C. 管理文档　　　　D. 说明文档

【参考答案及解析】A。质量保证计划，不含"手册、指南、广告"的字眼，排除 B（产品文档）；质量保证计划，不含"进度、变更、定义"的字眼，排除 C（管理文档）；软件文档只有三类，即开发文档、产品文档、管理文档，并没有说明文档，则排除 D。

精彩讲解请扫描二维码观看。

高频核心考点 139：文档管理的规则和方法

文档管理的规则和方法主要有：

（1）文档书写规范。

（2）图表编号规则。

（3）文档目录编写标准。

（4）文档管理制度。

高频指数 ★★★

速记方法

抓住 4 个关键词即可：规范→规则→标准→制度。

真题再现

在审查项目需求规格说明书时，发现该文档图表编号混乱，建立（　　）解决上述问题。

①文档管理制度　②文档书写规范　③图表编号规则　④文档加密

A. ①②④

B. ②③④

C. ①②③

D. ①③④

【参考答案及解析】C。对于文档管理的规则和方法，抓住 4 个关键词即可：规范→规则→标准→制度。①、②、③都包含这些关键词。

精彩讲解请扫描二维码观看。

高频核心考点 140：典型的配置项都有哪些

典型的配置项包括：

（1）项目计划书。

（2）需求文档。

（3）设计文档。

（4）源代码。

（5）可执行代码。

（6）测试用例。

（7）运行软件所需的各种数据。

它们经评审和检查通过后进入配置管理。

高频指数 ★★★

速记方法

典型的配置项大都是指开发文档（也就是注重开发"过程"本身的一些文档）。

真题再现

软件开发项目中的很多过程产出物都属于配置项，一般意义上来讲，以下可以不作为配置项的是（　　）。

A. 项目计划书

B. 需求文档

C. 程序代码

D. 会议记录

【参考答案及解析】D。典型配置项包括项目计划书、需求文档、设计文档、源代码、可执行代码、测试用例、运行软件所需的各种数据。没有会议记录。

精彩讲解请扫描二维码观看。

高频核心考点 141：配置项的状态——草稿、正式、修改

配置项的状态可分为：

（1）草稿。

（2）正式。

（3）修改。

配置项刚建立时，其状态为"草稿"。

配置项通过评审后，其状态变为"正式"。

此后若更改配置项，则其状态变为"修改"。当配置项修改完毕并重新通过评审时，其状态又变为"正式"。

高频指数 ★★★★★

速记方法

特别注意："正式"的状态，一定要经过"评审"之后才能成为"正式"。

真题再现

配置项的状态可分为草稿、（　　）、修改三种，下图体现了配置项的状态变化。

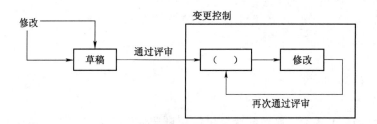

A. 发布　　　　　B. 正式　　　　　C. 基线　　　　　D. 基准

【参考答案及解析】B。"正式"的状态，一定要经过"评审"之后才能成为"正式"。

精彩讲解请扫描二维码观看。

高频核心考点 142：配置项版本号

配置项的版本号可分为：

（1）处于"草稿"状态的配置项的版本号格式为 0.YZ，YZ 的数字范围为 01～99。随着草稿的修正，YZ 的取值应递增。YZ 的初值和增幅由用户自己把握。

（2）处于"正式"状态的配置项的版本号格式为 X.Y，X 为主版本号，取值范围为 1～9。Y 为次版本号，取值范围为 0～9。配置项第一次成为"正式"文件时，版本号为 1.0。如果配置项升级幅度比较小，可以将变动部分制作成配置项的附件，附件版本依次为 1.0，1.1…。当附件的变动积累到一定程度时，配置项的 Y 值可适量增加，Y 值增加一定程度时，X 值将适量增加。当配置项升级幅度比较大时，才允许直接增大 X 值。

（3）处于"修改"状态的配置项的版本号格式为 X.YZ。配置项正在修改时，一般只增大 Z 值，XY 值保持不变。当配置项修改完毕，状态成为"正式"时，将 Z 值设置为 0，增加 X.Y 值。参见上述规则（2）。

高频指数 ★★★★★

速记方法

（1）凡是以"0"开头的，都是"草稿"。
（2）凡是小数点后只有 1 位数的，都是"正式"。
（3）在"修改"时，一般只增大 Z 值，XY 值保持不变。

真题再现

某软件开发项目的《概要设计说明书》版本号为 V2.13，该配置项的状态是（　　）。

A. 首次发布
B. 正在修改
C. 正式发布
D. 草稿

【参考答案及解析】B。排除法：V2.13 不是以"0"开头，排除 D；V2.13 小数点后有 2 位数，不是 1 位数，排除 C、A（一旦发布，也属于"正式"）。

精彩讲解请扫描二维码观看。

高频核心考点 143：配置项的版本管理

在项目开发过程中，绝大部分的配置项都要经过多次的修改才能最终确定下来。对配置项的任何修改都将产生新的版本。由于我们不能保证新版本一定比旧版本"好"，所以不能抛弃旧版本。版本管理的目的是按照一定的规则保存配置项的所有版本，避免发生版本丢失或混淆等现象，并且可以快速准确地查找到配置项的任何版本。

高频指数 ★★

速记方法

注意一点即可：是保存"所有"版本！

真题再现

配置项的版本控制作用于多个配置管理活动之中，如创建配置项，配置项的变更和配置项的评审等。下面关于配置项的版本控制的描述中，（　　）是正确的。

A. 在项目开发过程中，绝大部分的配置项目都要经过多次的修改才能最终确定下来

B. 对配置项的修改不一定产生新版本

C. 版本控制的目的是按照一的规则有选择地保存配置项的必要的版本

D. 由于我们保证新版本一定比旧版本好，所以可以抛弃旧版本

【参考答案及解析】A。修改一定会产生新版本，多次修改会产生多个版本，要保存"所有的"版本，而不是只保存"必要的"版本，更不是"抛弃"旧版本。

精彩讲解请扫描二维码观看。

高频核心考点 144：配置基线

　　配置基线（常简称为基线）由一组配置项组成，这些配置项构成一个相对稳定的逻辑实体。基线中的配置项被"冻结"了，不能再被任何人随意修改。对基线的变更必须遵循正式的变更控制程序。但是基线配置项必须向软件开发人员开放读取的权限。

　　一组拥有唯一标识号的需求、设计、源代码文卷以及相应的可执行代码、构造文卷和用户文档构成一条基线。产品的一个测试版本（可能包括需求分析说明书、概要设计说明书、详细设计说明书、已编译的可执行代码、测试大纲、测试用例、使用手册等）是基线的一个例子。

　　基线通常对应于开发过程中的里程碑（Milestone），一个产品可以有多个基线，也可以只有一个基线。交付给外部顾客的基线一般称为发行基线（Release Baseline），内部开发使用的基线一般称为构造基线（Build Baseline）。其中，非基线配置项无须向软件开发人员开放读取的权限。

高频指数 ★★★★★

速记方法

（1）把基线想象成一条线，上面挂有各种文档。
（2）内部构造之后才外部发行：内部使用→构造基线；外部顾客→发行基线。
（3）基线配置项必须向软件开发人员开放读取的权限。
（4）非基线配置项无须向软件开发人员开放读取的权限。

真题再现

以下关于基线和配置项的叙述中，不正确的是（　　）。

A. 配置基线由一组配置项组成，这些配置变构成一个相对稳定的逻辑实体

B. 基线配置项无须向软件开发人员开放读取的权限

C. 非基线配置项可能包含项目的各类计划和报告等

D. 每个配置项的基线都要纳入配置控制，对这些基线的更新只能采用正式的变更管理过程

【参考答案及解析】B。基线配置项必须向软件开发人员开放读取的权限。

精彩讲解请扫描二维码观看。

高频核心考点 145：配置库的类型和对比

配置库类型	开发库 （动态库、程序员库、工作库）	受控库 （主库）	产品库 （静态库、发行库、软件仓库）
时间	正在开发的	某个阶段结束	系统测试之后
管理	置于版本管理之下，无需配置管理	置于完全的配置管理之下	置于完全的配置管理之下

注　开发库（动态库）是开发人员的个人工作区，由开发人员自行控制。

高频指数 ★★★★★

速记方法

开发库（动态库）无需配置管理，由开发人员自行控制，只需做版本管理。

真题再现

关于配置库的描述，不正确的是（　　）。

A. 开发库用于保存开发人员当前正在开发的配置项

B. 受控库包含当前的基线及对基线的变更

C. 产品库包含已发布使用的各种基线

D. 开发库是开发人员的个人工作区，由配置管理员控制

【参考答案及解析】D。开发库（动态库）是开发人员的个人工作区，由开发人员自行控制，只需做版本管理，无需配置管理，因此不需要配置管理员控制。

精彩讲解请扫描二维码观看。

高频核心考点 146：配置库的建库模式

（1）按配置项类型建库	（2）按任务建库
按配置项的类型分类建库，适用于通用软件的开发组织。在这样的组织内，产品的继承性往往较强，工具比较统一，对并行开发有一定的需求。使用这样的库结构有利于对配置项的统一管理和控制，同时也能提高编译和发布的效率。但由于这样的库结构并不是面向各个开发团队的开发任务的，所以可能会造成开发人员的工作目录结构过于复杂，带来一些不必要的麻烦	按开发任务建立相应的配置库，适用于专业（专用）软件的开发组织。在这样的组织内，使用的开发工具种类繁多，开发模式以线性（串行）发展为主，所以就没有必要把配置项严格地分类存储，人为增加目录的复杂性。对于研发性的软件组织来说，这种策略比较灵活

高频指数 ★

速记方法

抓住关键特征即可：

（1）"类型"建库：通用→并行→复杂。［通病（并）的类型很复杂］

（2）"任务"建库：专用→串行→灵活。［专心钻（串）研的任务很灵活］

真题再现

配置库的建库模式有多种，在产品继承性较强，工具比较统一，采用并行开发的组织，一般会按（ ）建立配置库。

A. 开发任务

B. 客户群

C. 配置项类型

D. 时间

【参考答案及解析】C。有"并行"的特征，所以是"类型"建库，即按配置项类型建库模式。

精彩讲解请扫描二维码观看。

高频核心考点 147：配置库的权限

配置库的权限设置主要是解决库内存放的配置项什么人可以"看"、什么人可以"取"、什么人可以"改"、什么人可以"销毁"等问题。

1. 配置库的操作权限

权　　限	内　　容
Read	可以读取文件内容，但不能对文件进行变更
Check	可使用 Check in 等命令对文件内容进行变更
Add	可使用文件追加、文件重命名、删除等命令
Destroy	有权进行文件不可逆毁坏、清除、Rollback 等命令

2. 产品库（Release）的权限设置

权限	人　　员				
	项目经理	项目成员	QA	测试人员	配置管理员
Read	√	√	√	√	√
Check	√	√	√	√	√
Add	×	×	×	×	√
Destroy	×	×	×	×	√

注　"√"表示该人员具有相应权限，"×"表示该人员没有相应权限。

高频指数　★

速记方法

注意：只有配置管理员可以 Add（添加）或 Destroy（销毁），其余人都不行。

真题再现

编写配置管理计划、识别、添加配置项的工作是（　　）的职责。

A. 配置管理员　　　　　　　　　　B. 项目经理

C. 项目配置管理委员会　　　　　　D. 产品经理

【参考答案及解析】A。只有配置管理员可以 Add（添加）或 Destroy（销毁），其余人都不行。

精彩讲解请扫描二维码观看。

高频核心考点 148：配置控制委员会和配置管理员

配置控制委员会（Configuration Control Board，CCB），负责对配置变更作出评估、审批以及监督已批准变更的实施。CCB建立在项目级，其成员可以包括项目经理、用户代表、产品经理、开发工程师、测试工程师、质量控制人员、配置管理员等。

CCB不必是常设机构，完全可以根据工作的需要组成，例如按变更内容和变更请求的不同，组成不同的CCB。小的项目CCB可以只有一个人，甚至只是兼职人员。

通常，CCB不只是控制配置变更，而是负有更多的配置管理任务，例如配置管理计划审批、基线设立审批、产品发布审批等。

配置管理员（Configuration Management Officer，CMO）负责在项目的整个生命周期中进行配置管理活动，具体有：

（1）编写配置管理计划（需要CCB审批）。

（2）建立和维护配置管理系统。

（3）建立和维护配置库。

（4）配置项识别。

（5）建立和管理基线（需要CCB审批）。

（6）版本管理和配置控制。

（7）配置状态报告。

（8）配置审计。

（9）发布管理和交付（需要CCB审批）。

（10）对项目成员进行配置管理培训。

高频指数 ★★★★★

速记方法

注：配置管理员（CMO）做具体的事；配置控制委员会（CCB）只负责评估、审批以及监督。

如：编写、建立、识别、管理、控制、报告、审计、发布、培训等动作和行为，都是属于"具体的事情"，都由CMO来做；而审批等动作，属于"面上的"，由CCB来做。

真题再现

关于配置管理的描述，不正确的是（　　　）。

A. 所有配置项的操作权限，应由配置控制委员会（CCB）严格管理

B. 配置项的状态分为"草稿""正式""修改"三种

C. 配置基线由一组配置项组成，这些配置变构成一个相对稳定的逻辑实体

D. 配置库可分为开发库、受控库、产品库三种类型

【参考答案及解析】A。配置控制委员会（CCB）只负责评估、审批以及监督等比较大层"面上的"事情；配置项的操作权限，如编写、建立、识别、管理、控制、报告、审计、发布、培训等动作和行为，都是属于"具体的事情"都由配置管理员（CMO）来做。

精彩讲解请扫描二维码观看。

高频核心考点 149：配置管理十大概念的回顾

1. 配置项	计划书、各类文档和软件数据等
2. 配置项状态	草稿、正式、修改
3. 配置项版本号	0.XY；XY；XYZ
4. 配置项版本管理	保留所有版本
5. 配置基线	由配置项构成（发行基线、构造基线）
6. 配置库	由配置项组成（开发库、受控库、产品库）
7. 配置库权限设置	看、取、改、销毁，由 CMO 设置权限
8. 配置控制委员会	各种审批、评估、监督
9. 配置管理员	负责配置计划的编写、基线建立等具体工作
10. 配置管理系统	是个软件系统，用于配置管理工作

高频指数 ★★★★★

速记方法

配置管理的概念很多，内容也很多，用上表的"总结归纳"来掌握！

真题再现

配置库可用来存放配置项并记录与配置项相关的所有信息，是配置管理的有力工具。根据配置库的划分，在信息系统开发的某个阶段工作结束时形成的基线应存入（1）；开发的信息系统产品完成系统测试之后等待交付用户时应存入（2）。

（1）A. 开发库　　　B. 受控库　　　　C. 产品库　　　　D. 动态库

（2）A. 开发库　　　B. 受控库　　　　C. 产品库　　　　D. 基线库

【参考答案及解析】（1）B；（2）C。阶段性的工作结束→受控库；测试之后的产品→产品库。

精彩讲解请扫描二维码观看。

高频核心考点 150：配置管理的六大活动

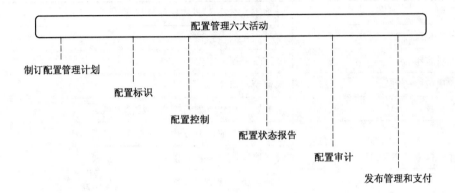

配置管理六大活动

- 制订配置管理计划
- 配置标识
- 配置控制
- 配置状态报告
- 配置审计
- 发布管理和支付

高频指数 ★★★

速记方法

注意：六大活动中有三大活动跟变更管理密切关联：配置标识、配置状态报告、配置审计。

真题再现

配置管理作为项目综合变更管理的重要支持，为项目综合变更管理提供了标准化的、有效率的变更管理平台，配置管理系统在项目变更中的作用不包括（　　）。

A. 通过配置审计建立一种前后一致的变更管理方法

B. 定义变更控制委员会的角色和责任

C. 通过配置状态报告提供改进项目的机会

D. 通过配置标识提供了统一的变更发布

【参考答案及解析】B。有三大活动跟变更管理密切关联：配置标识、配置状态报告、配置审计。

精彩讲解请扫描二维码观看。

166

高频核心考点 151：配置控制

（1）配置控制即配置项和基线的变更控制，包括下述任务：

1）标识和记录变更申请（变更申请）。

2）分析和评价变更（变更评估）。

3）批准或否决申请（通告评估结果）。

4）实现（变更实施）。

5）验证（变更验证与确认）。

6）发布已修改的配置项（变更发布）。

（2）配置控制的流程。

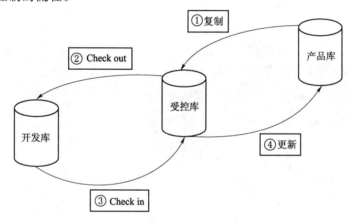

速记方法

（1）答案例题时，抓住关键字：申请→评估→通告→实施→验证与确认→发布，再展开。

（2）要注意：变更的实施人是项目经理；而不是配置管理员。

（3）关于配置流程，要注意：Check out（检出）后"锁定"受控库；Check in（检入）后再"解锁"。

真题再现

（1）配置控制与变更包含着几个重要的任务，变更申请，变更评估，通告评估结果，变更实施，变更验证与确认，变更发布等。其中变更实施的主要负责人一般是（　　）。

A. CCB（配置控制委员会）　　　　　B. 项目经理

C. 配置管理员　　　　　　　　　　D. QA（质量保证人员）

【参考答案及解析】B。变更的实施人是项目经理，而不是配置管理员。

（2）在以下基于配置库的变更控制的图示中，①应为（　　）。

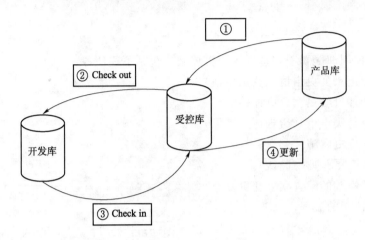

A. 读写　　　　　　　B. 删除　　　　　　　C. 变更　　　　　　　D. 复制

【参考答案及解析】D。将待升级的基线从产品库中取出（复制），放入受控库。

精彩讲解请扫描二维码观看。

168

高频核心考点 152：配置审计

配置审计（Configuration Audit）也称为配置审核或配置评价，包括功能配置审计和物理配置审计，分别用以验证当前配置项的一致性和完整性。

配置审计的实施是为了确保项目配置管理的有效性，体现了配置管理的最根本要求——不允许出现任何混乱现象，例如：

（1）防止向用户提交不适合的产品，如交付了用户手册的不正确版本。

（2）发现不完善的实现，如开发出不符合初始规格说明或未按变更请求实施变更。

（3）找出各配置项间不匹配或不相容的现象。

功能配置审计是审计配置项的一致性。

（1）配置项的开发已圆满完成。

（2）配置项已达到配置标识中规定的性能和功能特征。

（3）配置项的操作和支持文档已完成并且是符合要求的。

物理配置审计是审计配置项的完整性。

（1）要交付的配置项是否存在？

（2）配置项中是否包含了所有必需的项目？

高频指数 ★★★★★

速记方法

"目的"→避免混乱！

"功能"→一致性。

"物理"→完整性。

真题再现

关于配置管理，不正确的是（　　）。

A. 配置管理计划制定时，需了解组织结构环境和组织单元之间的联系

B. 配置标识包含识别配置项，并为其建立基线等内容

C. 配置状态报告应着重反映当前基线配置项的状态

D. 功能配置审计是审计配置项的完整性，验证所交付的配置项是否存在

【参考答案及解析】D。"功能"→一致性；功能配置审计是审计配置项的一致性。

精彩讲解请扫描二维码观看。

高频核心考点 153：变更管理的原则

1. 基准管理

基准是变更的依据。在项目实施过程中，制定基准计划并经过评审后即建立初始基准，此后应针对每次批准的变更重新确定基准。

2. 建立变更控制流程

建立或选用符合项目需要的变更管理流程后，所有变更都必须遵循这个流程进行控制。流程的作用在于将变更的原因、专业能力、资源运用方案、决策权、干系人的共识和信息流转等元素有效地综合起来，按科学的顺序进行变更。

3. 建立变更控制委员会

4. 完整体现变更的影响

变更管理过程中需要全面完整地分析变更可能产生的影响，为变更控制提供依据。

5. 变更产生的相关文档应纳入配置管理中

高频指数 ★★★★★

速记方法

（1）明确变更管理的首要原则是：基准管理。每次变更都是以基准为依据。

（2）变更产生的文档纳入配置管理当中。

真题再现

项目变更的依据是（　　）。

A. 干系人的需求

B. 甲方的要求

C. 项目成员的请求

D. 项目基准

【参考答案及解析】D。变更管理的首要原则是：基准管理。每次变更都是以基准为依据。

精彩讲解请扫描二维码观看。

高频核心考点 154：变更的一些关键问题

（1）哪些人可以提出变更请求？以什么形式？

项目的任何干系人都可以提出变更请求。尽管可以口头提出，但所有变更请求都必须以书面形式记录，并纳入变更管理以及配置管理系统中。

（2）变更请求由什么系统进行处理？

变更请求应该由变更控制系统和配置控制系统按规定的过程进行处理。应该评估变更对时间和成本的影响，并向这些过程提供评估结果。

（3）变更请求由谁来进行批准或否决？

1）CCB 是一个正式组成的团体，负责审查、评价、批准、推迟或否决项目变更，以及记录和传达变更处理决定。

2）每项记录在案的变更请求都必须由一位责任人批准或否决，这个责任人通常是发起人或项目经理。必要时，应该由变更控制委员会（CCB）来决策是否实施整体变更控制过程。

3）某些特定的变更请求，在 CCB 批准之后，还可能需要得到客户或发起人的批准，除非他们本来就是 CCB 的成员。

（4）变更控制委员会（CCB）的成员都有哪些？

CCB 由项目所涉及的多方人员共同组成，通常包括甲方和乙方的决策人员：

1）包含项目经理，但项目经理通常不任组长。

2）可以包含但不是必须包含项目发起人或客户。

（5）谁来实施变更？

变更实施人是实施已批准的变更的相关人员，变更申请内容不同，相应的变更实施人员也不同。变更实施人负责执行已批准的变更，也要参与变更正确性的确认工作。

（6）变更过程产生的相关文档和产物由谁来负责？

变更过程的相关产物应纳入配置管理系统中。配置管理员负责把变更后的基准纳入整个项目基准中，变更过程中的其他记录文件也应纳入配置管理系统。

高频指数　★★★★★

速记方法

变更在每次考试中必考，而且很灵活，也有一定难度。依靠深刻理解＋灵活运用来掌握。第二版中级教材《系统集成项目管理工程师教程》（见参考文献 [1]）260～264 页以及上述整理的六大关键问题，一定要理解通透！

真题再现

（1）在项目执行的过程中一名干系人确定一个新需求，该需求对项目是否成功起到关键的作用，项目经理接下来应该（   ）。

A. 为该需求建立变更请求，提交变更控制委员会审批

B. 评估重要性，以确定是否执行变更流程

C. 寻求项目发起人对变更的批准

D. 考虑该需求比较关键，安排相关人员进行修改

【参考答案及解析】A。"建立变更请求，提交变更控制委员会（CCB）审批"是正规的标准流程。不管变更重要与否，也都要将变更请求提交 CCB 审批。发起人批准也要走 CCB 流程。

（2）关于项目整体变更和 CCB 的描述，正确的是（   ）。（为了便于理解，本题是组合了两个真题改编而成）

A. 整体变更控制过程贯穿项目始终

B. 任何项目干系人都可以提出变更请求

C. 所有变更都应纳入变更管理

D. 所有变更请求都应由 CCB 来批准或否决

E. CCB 的成员可能包括客户或项目经理的上级领导

F. 一般来说，项目经理会担任 CCB 的组长

G. 针对某些变更，除了 CCB 批准以外，可能还需要客户批准

H. 针对可能影响项目目标的变更，必须经过 CCB 批准

【参考答案及解析】A、B、C 、E、G、H。项目经理或项目发起人也可以批准或否决；项目经理一般不担任 CCB 组长，一般只是属于 CCB 成员之一而已。

精彩讲解请扫描二维码观看。

高频核心考点 155：变更的流程

1. 变更的流程图（一）

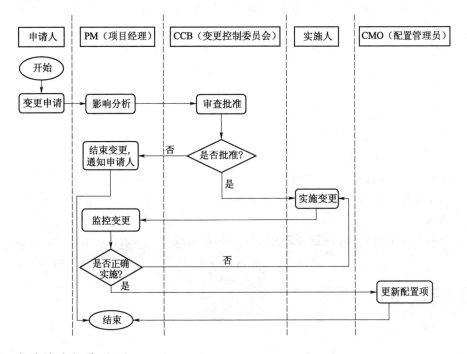

2. 变更的流程图（二）

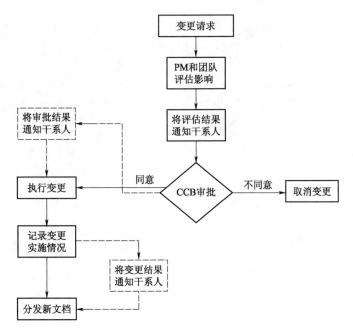

高频指数 ★★★★★

速记方法

（1）以上两个流程图都要熟悉，并且灵活地掌握；能把两个流程图用文字描述出来。

（2）注意：不同的"工作"对应不同的"人"，重点关注项目经理和CCB负责的工作。

（3）注意很容易遗漏的两点："通知干系人""更新配置项"。

真题再现

关于整体变更控制的描述，不正确的是（　　）。

A. 项目的任何干系人都可以提出变更请求

B. 项目经理可以是变更控制委员会（CCB）的成员

C. 整体变更控制过程贯穿项目始终，CCB对此负最终责任

D. 整体变更控制的主要作用是降低因未考虑变更对整个项目计划的影响而产生的风险

【参考答案及解析】C。责任人通常是项目发起人或项目经理。

精彩讲解请扫描二维码观看。

高频核心考点 156：收尾的分类

1. 行政收尾（管理收尾）

产品核实，财务收尾，更新项目记录，总结，组织过程资产更新，解散团队等。

2. 合同收尾（结束采购）

结束合同工作，进行采购审计，结束当事人之间的合同关系，并将有关资料进行归档。

3. 二者共同点

（1）都需要产品核实。

（2）都需要总结经验教训。

（3）对资料进行整理和归档。

（4）更新组织过程资产（总结经验教训、归档的本质也是更新组织过程资产）。

高频指数 ★★★

速记方法

（1）二者的共同点：产品核实＋更新组织过程资产（含总结经验教训和归档）。

（2）二者的最大区别：合同收尾的本质是结束采购，因为采购跟合同息息相关。

真题再现

项目收尾是结束项目某一阶段中的所有活动的过程，包括管理收尾和合同收尾，其中管理收尾不包括（　　）。

A. 收集项目记录

B. 分析项目成败

C. 采购审计

D. 收集应吸取的教训

【参考答案及解析】C。采购审计是结束采购（合同收尾）的工具与技术。采购的本质就是签合同，采购跟合同息息相关。因此，采购审计是合同收尾的范畴，不属于管理收尾的工作。

精彩讲解请扫描二维码观看。

高频核心考点 157：行政收尾与合同收尾的区别

（1）行政收尾是针对项目和项目各阶段的，不仅整个项目要进行一次行政收尾，而且每个项目阶段结束时都要进行相应的行政收尾；而合同收尾是针对合同的，每一个合同需要而且只需要进行一次合同收尾。

（2）从整个项目的角度看，合同收尾发生在行政收尾之前；如果是以合同形式进行的项目，在收尾阶段，先要进行采购审计和合同收尾，然后进行行政收尾。

（3）从某一个合同的角度看，合同收尾又包括行政收尾工作（合同的行政收尾）。

（4）行政收尾要由项目发起人或高级管理层给项目经理签发项目阶段结束或项目整体结束的书面确认，而合同收尾则要由负责采购管理成员（可能是项目经理或其他人）向卖方签发合同结束的书面确认。

高频指数 ★★★

速记方法

内容太多，用表格的形式对比记忆（注意时间轴和层级的不同）。

收 尾 类 型	行政收尾（管理收尾）	合同收尾（结束采购）
1. 对象不同	针对项目和项目的各阶段	针对每一个合同
2. 时间轴不同	通常在后（最后是行政收尾）	通常在前（先进行合同收尾）
3. 包含关系		某些合同收尾当中可能包含行政收尾
4. 确认层级不同	发起人或高级管理层	采购管理成员（项目经理或其他人）

真题再现

关于项目收尾的描述，不正确的是（　　）。

A. 项目收尾分为管理收尾和合同收尾

B. 管理收尾和合同收尾都要进行产品核实，都要总结经验教训

C. 每个项目阶段结束时都要进行相应的管理收尾

D. 对于整个项目而言，管理收尾发生在合同收尾之前

【参考答案及解析】D。管理收尾发生在合同收尾之后。

精彩讲解请扫描二维码观看。

高频核心考点 158：收尾的步骤、内容和注意事项

行政收尾（管理收尾）阶段主要工作（步骤、内容、注意事项）包括：

(1) 产品核实。确认全部工作都按项目产品的既定要求完成了。

(2) 财务收尾。支付最后的项目款项，完成财务结算。

(3) 更新项目记录。完成最终的项目绩效报告和项目团队成员的业绩记录。

(4) 总结经验教训，进行项目完工后评价。

(5) 进行组织过程资产更新。收集、整理和归档各种项目资料。

(6) 结束项目干系人在项目上的关系，解散（或转移）项目团队。

(7) 收尾时，时刻保持以下意识：

1) 行政收尾贯穿项目的整个过程。

2) 当项目结束时，需要开展行政收尾工作。

3) 项目提前终止时，需要开展行政收尾工作。

4) 项目的某个阶段结束时，需要开展行政收尾工作。

高频指数 ★★★

速记方法

(1) 结合前述的"行政收尾和合同收尾的共同点"来记忆。

(2) "步骤""内容""注意事项"，三者的本质是一样的；通过"步骤"来体现"内容"；"内容"当中体现正确的"步骤"；"内容和步骤"包含"注意事项"。

真题再现

项目收尾是项目管理中非常重要的一个环节，其中一般不包括（   ）。

A. 团队成员转移

B. 估算活动成本

C. 项目总结

D. 产品核实

【参考答案及解析】B。估算活动成本是计划过程组中多个过程的输入，不是项目收尾的范畴。

精彩讲解请扫描二维码观看。

高频核心考点 159：收尾管理的内容

1. 狭义的收尾——项目验收工作
2. 广义的收尾
(1) 项目验收工作。
(2) 项目总结工作。
(3) 系统维护工作。
(4) 项目后评价工作。

高频指数 ★★★

速记方法

项目的收尾往往指的是广义的收尾：验收→总结→维护→后评价。

真题再现

项目收尾的内容不包含（   ）。

A. 项目验收工作
B. 招投标工作
C. 系统维护工作
D. 项目后评价工作

【参考答案及解析】B。招投标是项目立项的工作，不属于收尾的范畴。

精彩讲解请扫描二维码观看。

高频核心考点 160：项目验收工作的内容

项目验收工作的内容有：

（1）验收测试。

（2）系统试运行。

（3）系统文档验收。

（4）项目终验。

高频指数 ★★★

速记方法

（1）简化字法记忆：测试→试运行→文档验收→终验。

（2）注意"验收测试"和"系统试运行"的区别：前者在测试的环境，后者在真实的环境。

（3）注意"系统文档验收"和"项目终验"都需要双方签字才行，且终验要双方主管认可。

（4）从"系统试运行"时，就已经开始逐步移交文档。

真题再现

（　　）不属于项目验收的内容。

A．验收测试

B．系统维护工作

C．项目终验

D．系统试运行

【参考答案及解析】B。系统维护工作在项目验收之后才进行，验收工作的内容包括：测试→试运行→文档验收→终验。

精彩讲解请扫描二维码观看。

高频核心考点 161: 文档验收的内容

系统经过验收测试后，系统的文档应当逐步、全面地移交给客户。客户也可按照合同或者项目工作说明书的规定，对所交付的文档加以检查和评价；对不清晰的地方可以提出修改要求。在最终交付系统前，系统的所有文档都应当验收合格并经双方签字认可。

对于系统集成项目，所涉及的文档应该包括如下部分：

（1）系统集成项目介绍报告。

（2）系统集成项目最终报告。

（3）信息系统说明手册。

（4）信息系统维护手册。

（5）软硬件产品说明书、质量保证书等。

高频指数 ★★

速记方法

按项目范围从大到小，利用关键词对应记忆：

（1）项目＞系统＞软硬件。

（2）报告＞手册＞××书。

（3）注意什么适合移交文档：验收测试之后，在系统试运行时，文档就已经开始逐步移交。

真题再现

（案例题）对于软件和信息系统集成项目来说，项目收尾时一般提交的文件包括哪些类？

【答】项目收尾时，要进行文档验收，验收测试之后，在系统试运行时，文档就已经开始逐步、全面地移交。一般提交的文件包括系统集成项目介绍报告、最终报告；信息系统说明手册、维护手册；软硬件产品说明书、质量保证书等。

精彩讲解请扫描二维码观看。

高频核心考点 162：项目总结的意义

项目总结属于项目收尾的管理收尾。而管理收尾有时又被称为行政收尾，就是检查项目团队成员及相关干系人是否按规定履行了所有职责。实施行政结尾过程还包括收集项目记录、分析项目成败、收集应吸取的教训以及将项目信息存档供本组织将来使用等活动。

项目总结的主要意义如下：

（1）了解项目全过程的工作情况及相关的团队或成员的绩效状况。

（2）了解出现的问题并进行改进措施总结。

（3）了解项目全过程中出现的值得吸取的经验并进行总结。

（4）对总结后的文档进行讨论，通过后即存入公司的知识库，从而纳入企业的过程资产。

高频指数 ★★

速记方法

文字很多，但可以用简化法记忆：了解绩效→（如果不好）改进→（如果好）吸取→（不管好还是不好）都要文档入库、更新组织过程资产。

真题再现

（案例题）请简要叙述项目总结会议的意义都有哪些？

【答】（1）了解项目的绩效状况。

（2）进行改进措施总结。

（3）对值得吸取的经验进行总结。

（4）文档入库、更新组织过程资产。

精彩讲解请扫描二维码观看。

高频核心考点 163：项目总结大会的内容

项目总结大会的内容有：

（1）项目绩效。

（2）技术绩效。

（3）成本绩效。

（4）进度计划绩效。

（5）项目的沟通。

（6）识别问题和解决问题。

（7）意见和建议。

高频指数 ★★

速记方法

前4条，对应项目的四重约束（记住了项目的四重约束，前4条自然就记住了）：

（1）项目绩效→范围。

（2）技术绩效→质量。

（3）成本绩效→成本。

（4）进度计划绩效→进度。

然后，再加上："问题"→"沟通"→"建议"（对问题进行沟通，得出建议）。

真题再现

（案例题）请简要叙述项目总结会议上一般讨论的内容包括哪些？

【答】项目绩效、技术绩效、成本绩效、进度计划绩效、项目的沟通、识别问题和解决问题、意见和建议等。

精彩讲解请扫描二维码观看。

高频核心考点 164：系统集成项目后续工作的内容

1. 信息系统日常维护工作

设备的供应可能涉及不同的厂商，系统集成商应确保第三方售后技术服务工作的连续性和一致性。

2. 硬件产品的更新

3. 满足信息系统的新需求

高频指数 ★★

速记方法

抓住 3 个关键词即可："维护"→"更新"→"新需求"。

真题再现

项目经理在验收活动完成后，还需要针对系统集成项目进行后续的支持工作，以下哪一项不属于系统集成项目的后续工作？（　　）

A. 信息系统日常维护工作

B. 硬件产品的更新

C. 业主针对新员工的培训需求

D. 信息系统的新需求

【参考答案及解析】C。系统集成项目进行后续工作的内容，抓住 3 个关键词即可："维护"→"更新"→"新需求"。

精彩讲解请扫描二维码观看。

高频核心考点 165：项目后评价的内容

项目后评价的内容包括：

1. 目标

目标是评价的重点所在，是否实现了信息系统规划之初所设置的各种目标？

2. 过程

过程评价是从项目的符合性以及合理性的角度去评价，根据信息系统的生命周期特点，信息系统过程评价主要包括信息系统前期论证阶段、信息系统招投标阶段、信息系统开发建设阶段以及信息系统运营维护 4 个阶段的过程评价。

3. 效益

评价的主要内容包括技术、管理、经济、社会、环境等。

4. 可持续性

评价可持续性的角度：运维管理水平、技术水平、人员水平等，战略和市场前景等。

高频指数 ★★

速记方法

目标→过程→效益→可持续性。

真题再现

信息系统集成项目完成验收后要进行一个综合性的项目后评估，评估的内容一般包括（　　）。

A. 系统目标评价，系统质量评价，系统技术评价，系统可持续评价

B. 系统社会效益评价，系统过程评价，系统技术评价，系统可用性评价

C. 系统目标评价，系统过程评价，系统效益评价，系统可持续性评价

D. 系统责任评价，系统环境影响评价，系统效益评分，系统可持续性评价

【参考答案及解析】C。后评价的内容：目标→过程→效益→可持续性。

精彩讲解请扫描二维码观看。

2.3 项目重要领域

质量管理、人力资源管理、沟通与干系人管理、风险管理

高频核心考点166～241

高频核心考点 166：质量和等级的区别

（1）质量与等级是两个不同的概念。

（2）质量作为实现的性能或成果，是"一系列内在特性满足要求的程度（ISO 9000）"。

（3）等级作为设计意图，是对用途相同但技术特性不同的可交付成果的级别分类。例如：

1）一个低等级（功能有限）、高质量（无明显缺陷，用户手册易读）的软件产品。该产品适合一般使用，可以被认可。

2）一个高等级（功能繁多）、低质量（有许多缺陷，用户手册杂乱无章）的软件产品。该产品的功能会因质量低劣而无效和/或低效，不会被使用者接受。

高频指数 ★★★

速记方法

（1）明确：质量和等级不同。

（2）质量＝用途＝满足程度的要求。

（3）等级＝技术特性＝功能有限或繁多。

真题再现

以下关于质量管理的叙述中，不正确的是（   ）。

A. 产品等级高就是质量好

B. 质量管理注重预防胜于检查

C. 质量方针由最高管理者批准并发布

D. 质量目标是落实质量方针的具体要求，从属于质量方针

【参考答案及解析】A。质量和等级是不同的概念。质量是"一系列内在特性满足要求的程度"；等级是对用途相同但技术特性不同的可交付成果的级别分类。

精彩讲解请扫描二维码观看。

高频核心考点 167：质量管理的分类和依据

从项目作为一次性的活动来看，项目质量体现在由 WBS 反映出的项目范围内所有的阶段、子项目、项目工作单元的质量所构成，即项目的工作质量。

从项目作为一项最终产品来看，项目质量体现在其性能或者使用价值上，即项目的产品质量。

项目的质量是应顾客的要求进行的，不同的顾客有着不同的质量要求，其意图已反映在项目合同中。因此，项目合同通常是进行项目质量管理的主要依据。

高频指数 ★★

速记方法

（1）一次性的活动→工作质量。

（2）最终产品→产品质量。

（3）工作质量是为了保证产品质量。

（4）项目合同→是质量管理的主要依据。

真题再现

项目质量管理的目的是（　　）。

A. 为生产可能的最高质量的产品和服务

B. 为确保满足合理的质量标准

C. 为确保项目满足承诺的需求

D. 以上都是

【参考答案及解析】C。项目的质量是应顾客的要求进行的，不同的顾客有着不同的质量要求，其意图已反映在项目合同中。因此，项目合同通常是进行项目质量管理的主要依据。而"承诺"体现在合同当中。

精彩讲解请扫描二维码观看。

高频核心考点 168：质量管理概述

质量管理（Quality Management）是指确定质量方针、目标和职责，并通过质量体系中的质量规划、质量保证和质量控制以及质量改进来使其实现所有管理职能的全部活动。

质量管理是指为了实现质量目标而进行的所有质量性质的活动。在质量方面指挥和控制的活动包括质量方针和质量目标以及质量规划、质量保证、质量控制和质量改进。

高频指数 ★★★

速记方法

（1）质量管理有三个过程：质量规划、质量保证、质量控制。

（2）三个过程的前面是大层面的框架：质量方针、质量目标。

（3）三个过程的后面是需要不断进行质量改进。

真题再现

质量管理确保组织，产品或服务的一致性。它有四个主要组成部分：质量规划，质量保证，质量控制和（　　）。

A. 质量目标

B. 质量政策

C. 质量方针

D. 质量改进

【参考答案及解析】D。三个过程的后面是需要不断进行质量改进。

精彩讲解请扫描二维码观看。

高频核心考点 169：质量管理发展的 4 个阶段

质量管理的发展，大致经历了 4 个阶段：

（1）手工艺人时代。

（2）质量检验阶段。

（3）统计质量控制阶段。

（4）全面质量管理阶段。

高频指数 ★★★★★

速记方法

（1）按 4 个关键词记忆：手工→检验→控制→全面。

（2）质量检验阶段的关键特征：只是事后把关，不能提高产品质量。

（3）统计质量控制阶段的关键字：过程控制 SPC、统计抽样、戴明十四法等。

（4）全面质量管理阶段的关键字：全面质量管理理论 TQM、全过程、全面质量控制 TQC、石川馨、老七、新七等。

真题再现

（　　）将质量控制扩展到产品生命周期全过程。

A．检验技术

B．统计质量控制

C．抽样检验方法

D．全面质量管理

【参考答案及解析】D。从 1960 年起，全面质量管理理论 TQM 将质量控制扩展到产品寿命循环全过程。

精彩讲解请扫描二维码观看。

高频核心考点 170：老七工具之一——鱼骨图

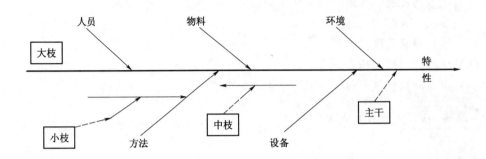

速记方法

（1）鱼骨图，也叫石川图或因果图，主要记住其用途：找根本原因。

（2）注意：先有问题、再找原因；左边"鱼骨"是原因、右边"鱼头"是问题。

真题再现

某制造商面临大量产品退货，产品经理怀疑是采购和货物分类流程存在问题，此时应该采用（　　）进行分析。

A. 流程图

B. 质量控制图

C. 直方图

D. 鱼骨图

【参考答案及解析】D。出了问题，再倒推回去找原因，用因果图，也叫鱼骨图或石川图。

精彩讲解请扫描二维码观看。

高频核心考点 171：老七工具之二——流程图

高频指数 ★★★★★

速记方法

流程图涉及质量成本分布，大多数考生难以理解，其实可以这样理解：从流程图可以看出，为了满足质量目标的某个工作都包含哪几个步骤，而每个步骤都需要成本。所以，根据流程图就可以知道成本的分布。主要把握以下几点即可：

（1）用途一：有助于了解和估算一个过程的质量成本（包括一致性成本和非一致性成本）。

（2）用途二：对质量问题进行预测并应对（应对需要成本，同样涉及质量成本）。

（3）一致性成本：用于预防质量缺陷所产生的成本（包含破坏性测试）。（质量缺陷未发生）

（4）非一致性成本：用于处理质量缺陷所产生的成本。（质量缺陷已发生）

真题再现

某项目质量管理员希望采用一些有助于分析问题发生原因的工具，来帮助项目组对各出现的质量问题进行预测并制订应对措施，以下工具中，能够满足其需要的是（　　）。

A. 控制图

B. 流程图

C. 树状图

D. 活动网络图

【参考答案及解析】B。本题隐含涉及过程的质量成本，选流程图。

精彩讲解请扫描二维码观看。

高频核心考点 172：老七工具之三——核查表

专业	本周发生缺陷	缺陷分类				本周遗留缺陷	缺陷消除率	缺陷重复率	累计遗留缺陷	系统缺陷	遗留缺陷	技改处理缺陷
		A类缺陷	B类缺陷	C类缺陷	D类缺陷							
汽车												
锅炉												
电气												
热控												
除脱												
合计												

高频指数 ★★★★★

速记方法

主要记住其用途：收集缺陷数量。

真题再现

下面质量管理的工具中，（　　）又称计数表，是用于收集缺陷数据的查对清单。它合理排列各种事项，以便有效地收集关于潜在质量问题的有用数据。

A. 因果图

B. 鱼骨图

C. 流程图

D. 核查表

【参考答案及解析】D。核查表用来收集缺陷数量。

精彩讲解请扫描二维码观看。

高频核心考点 173：老七工具之四——帕累托图

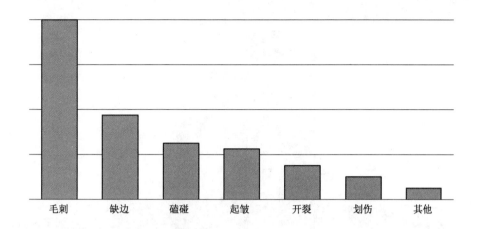

| 毛刺 | 缺边 | 磕碰 | 起皱 | 开裂 | 划伤 | 其他 |

高频指数 ★★★★★

速记方法

（1）如何判断帕累托图？第一根"条条"最高，后面的越来越矮，就是帕累托图。

（2）用途：用于识别造成大多数问题的少数重要原因。

（3）同时包含两个关键词——"大多数""少数"的就是帕累托法。

真题再现

某公司对本单位负责的信息系统集成项目实施失败原因进行分析后，发现约 80％的原因都是用户需求不明确、授权不清晰以及采用了不适宜的技术，而其他十几种原因造成的失败较少。根据这些分析结果，该公司所采用项目质量控制的方法是（　　）。

A. 散点图法

B. 直方图法

C. 帕累托法

D. 控制图法

【参考答案及解析】C。题干中，80％代表"大多数问题"；而需求不明确、授权不清晰、不适宜的技术，相比于其他十几种原因，属于"少数重要原因"。

精彩讲解请扫描二维码观看。

高频核心考点 174：老七工具之五——直方图

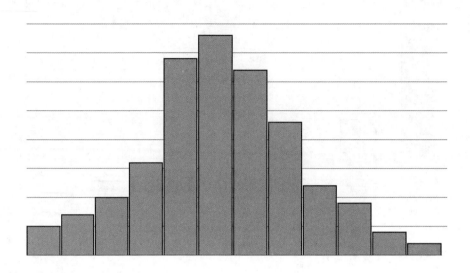

高频指数 ★★★★★

速记方法

（1）如何判断直方图？中间的"条条"最高，两边的越来越矮，就是直方图。

（2）用途：用于描述集中趋势、分散程度和统计分布形状（中间集中、两边分散）。

（3）注意：直方图不考虑时间对分布内的变化的影响（跟时间无关）。

真题再现

关于质量管理七种工具的描述，不正确的是（　　）。

A. 帕累托图用于识别造成大多数问题的少数重要原因

B. 控制图展示项目进展信息，用于判断某一过程是否失控

C. 直方图用于描述集中趋势、分散程度和统计分布，反映了时间对分布变化的影响

D. 过程决策程序图用于理解一个目标与达成目标的步骤之间的关系

【参考答案及解析】C。前半句正确；后半句错误，事实上，直方图是不考虑时间对分布变化的影响（跟时间无关）。"老七"工具当中，只有控制图跟时间有关。

精彩讲解请扫描二维码观看。

高频核心考点 175：老七工具之六——控制图

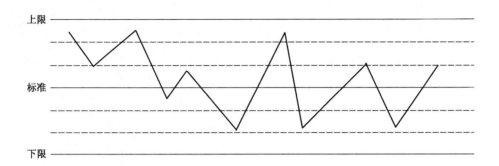

高频指数 ★★★★★

速记方法

（1）如何判断控制图？有"上限"和"下限"两条线的，就是控制图。

（2）用途：控制图可以判断某一过程处于控制之中还是处于失控状态。

（3）注意：跟时间有关，"老七"工具当中，只有控制图跟时间有关。

真题再现

某公司的质量目标是每千行代码缺陷数不大于 2.5 个，项目组为了确保目标的达成，并能对软件开发项目组 5 个代码编写人员各自的质量进行趋势分析，适合使用的质量工具是（   ）。

A. 散点图

B. 矩阵图

C. 控制图

D. 亲和图

【参考答案及解析】C。首先，隐含的"上限"是 2.5；其次，分析代码需要"时间"，随着时间的进行，逐渐发现代码缺陷。

精彩讲解请扫描二维码观看。

高频核心考点 176：老七工具之七——散点图

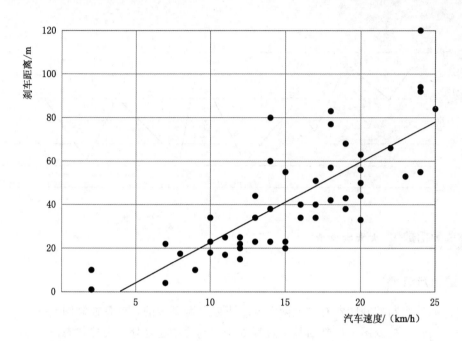

高频指数 ★★★★★

速记方法

（1）如何判断散点图？有"横坐标"和"纵向坐标"，且图中有散点的，就是散点图。

（2）用途：显示两个变量之间是否有关系。

真题再现

The （   ） is a graph that shows the relationship between two variables.

A. histograms   B. flowcharts   C. matrix diagrams   D. scatter diagrams

【参考答案及解析】D。题目的意思是："（   ）是描述两个变量之间关系的图表。A. 直方图、B. 流程图、C. 矩阵图、D. 散点图"。显然答案是 D 散点图，散点图可显示两个变量之间是否有关系。

精彩讲解请扫描二维码观看。

高频核心考点 177：老七工具汇总与对比

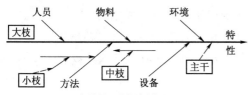

鱼骨图→找根本原因

流程图→判断质量成本

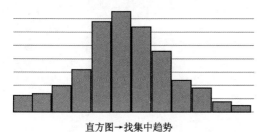

核查表→收集缺陷数量

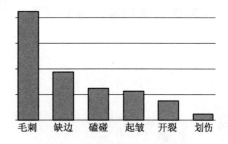

帕累托图→找多数问题的少数原因

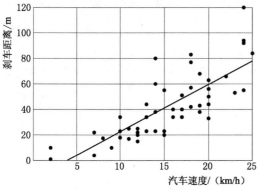

直方图→找集中趋势

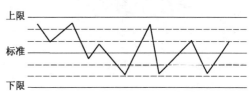

控制图→判断是否受控或失控

散点图→显示两个变量是否有关系

高频指数 ★★★★★

按照上述的汇总，对比掌握，主要是理解其用途。（抓住关键特征词）

真题再现

在质量管理中，（　　　）可以识别造成大多数问题的少量重要原因。

A. 直方图　　　　　B. 控制图　　　　　C. 核查表　　　　　D. 帕累托图

【参考答案及解析】D。抓住老七工具用途的关键词，同时含"大多数、少数"，则是帕累托图。

精彩讲解请扫描二维码观看。

高频核心考点178：规划质量管理工具汇总对比

• 成本效益分析	比较成本和预期收益，**关注盈利**能力
• 质量成本	把成本分**一致性成本（预防缺陷）**和**非一致性成本（处理缺陷）**
• 七种基本质量工具	详见高频核心考点177：老七工具汇总与对比
• 标杆对照	与可比项目的实践进行**对照**
• 实验设计	寻找显著**影响**的最敏感**因素**
• 统计抽样	从总体中**抽取一部分**进行测量
• 其他质量管理工具	群体创新技术（**头脑风暴法和名义技术小组**）以及**力场分析**
• 会议	可以有很多参会人员，可以选定干系人

高频指数 ★★★★★

速记方法

按照上述的汇总，对比掌握，主要是理解其用途。（抓住加粗的关键词）

真题再现

规划质量管理的过程中可以用到多种工具与技术，（   ）是一种统计方法，用来识别哪些因素会对正在生产的产品或正在开发的流程的特定变量产生影响。

A. 成本效益分析法

B. 质量成本法

C. 标杆对照

D. 实验设计

【参考答案及解析】D。题干的描述，属于"寻找影响因素"的范畴，所以选实验设计。

精彩讲解请扫描二维码观看。

高频核心考点 179：规划质量管理的输入

规划质量管理的输入有：

（1）项目管理计划。

（2）干系人登记册。

（3）需求文件。

（4）风险登记册。

（5）事业环境因素。

（6）组织过程资产。

高频指数 ★★★★

速记方法

（1）由于规划质量管理是计划过程组的，所以第 1 条、第 5 条、第 6 条都是标配。

（2）为什么要干系人登记册？因为干系人对质量有要求，并且影响质量。

（3）为什么要需求文件？因为客户、发起人等干系人对质量的要求都体现在需求文件里。

真题再现

（案例题）规划质量管理的输入都有哪些？

【答】（1）项目管理计划。

（2）干系人登记册。

（3）需求文件。

（4）风险登记册。

（5）事业环境因素。

（6）组织过程资产。

精彩讲解请扫描二维码观看。

高频核心考点 180：规划质量管理的输出

规划质量管理的输出有：

（1）质量管理计划。

（2）过程改进计划。

（3）质量测量指标。

（4）质量核对单。

（5）项目文件更新。

高频指数 ★★★★★

速记方法

（1）为什么有过程改进计划？因为质量管理讲究持续改进。

（2）为什么有质量测量指标？因为质量的好坏以测量指标为准。

（3）为什么有质量核对单？因为质量核对单就是多项测量指标汇总之后的清单。

真题再现

（案例题）规划质量管理的输出都有哪些？

【答】（1）质量管理计划。

（2）过程改进计划。

（3）质量测量指标。

（4）质量核对单。

（5）项目文件更新。

精彩讲解请扫描二维码观看。

高频核心考点 181：质量保证的重要 ITTO

输入	工具与技术	输出
• 质量管理计划 • 过程改进计划 • 质量测量指标 • 质量控制测量结果 • 项目文件	• 质量管理和控制工具 • 质量审计 • 过程分析	• 变更请求 • 项目管理计划更新 • 项目文件更新 • 组织过程资产更新

高频指数 ★★★★

速记方法

注意以下几点即可：

（1）质量控制测量结果是质量控制活动的输出，再返回质量保证作为输入，是闭环的。

（2）质量审计、过程分析是质量保证的重要工具与技术。

（3）质量保证是执行过程组，执行过程组大多输出变更请求。

真题再现

质量保证部门最近对某项目进行了质量审计，给出了一些建议和规定，一项建议看来关键应该采纳执行。因为它将影响到这个项目是成功地交给客户。如果建议不被执行，产品就不能满足需要。该项目的项目经理下一步应该（　　）。

A. 开一个项目团队会议，以确定谁对这个问题负责

B. 重新分配任务并且发现这个错误负有责任队员

C. 立即进行产品的返工

D. 发布一项变更申请以采取必要的纠正措施

【参考答案及解析】D。质量保证是执行过程组，执行过程中发现问题，正确的做法是输出变更请求。

精彩讲解请扫描二维码观看。

高频核心考点 182：新七工具之一——亲和图

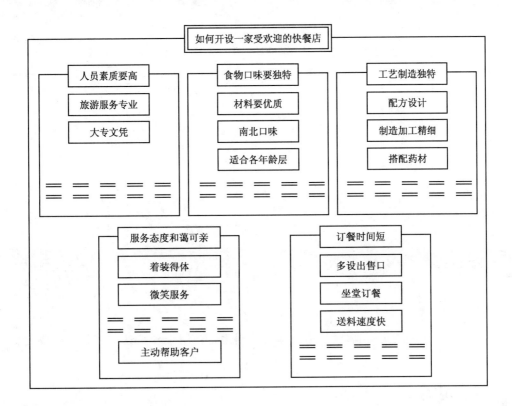

速记方法

理解其图像形状之后，掌握其用途即可，用途是：把相近的想法组织起来，发挥群体优势。

真题再现

在进行项目质量控制时，统计方法强调一切用数据说话，而（　　）则主要把相近的想法组织起来，发挥群体优势，共同分析各种想法和创意。

A. 帕累托图　　　　B. 树状图　　　　C. 相互关系图　　　　D. 亲和图

【参考答案及解析】D。亲和图的用途是：把相近的想法组织起来，发挥群体优势。

精彩讲解请扫描二维码观看。

高频核心考点 183：新七工具之二——过程决策图（PDPC）

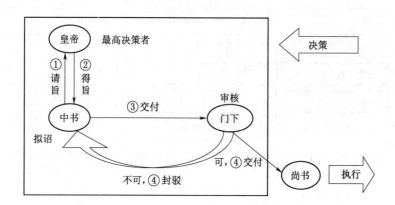

高频指数 ★★★

速记方法

理解其图像形状之后，掌握其用途即可，用途是：用于理解达成目标的步骤之间的关系。

真题再现

在制定项目质量计划时对实现既定目标的过程加以全面分析，估计到各种可能出现的障碍及结果，设想并制定相应的应变措施和应变计划，保持计划的灵活性。这种方法属于（　　）。

A. 流程图法

B. 实验设计法

C. 质量功能展开

D. 过程决策程序图法

【参考答案及解析】D。过程决策程序图的用途是：用于理解达成目标的步骤之间的关系。题干的描述"对实现既定目标的过程加以全面分析……灵活性"符合过程决策程序图的功能。

精彩讲解请扫描二维码观看。

高频核心考点 184：新七工具之三——关联图

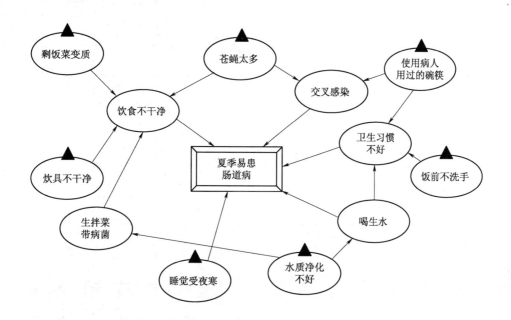

速记方法

理解其图像形状之后，掌握其用途即可，用途是：在复杂情形中创新性地解决问题。

真题再现

在进行项目质量管理时，（　　）是着重寻找各因素之间的相互交叉的逻辑关系，以期望在复杂的情形中创新性地解决问题。

A. 关联图

B. 矩阵图

C. 过程决策程序图

D. 鱼骨图

【参考答案及解析】A。关联图用途是：在复杂情形中创新性地解决问题。

精彩讲解请扫描二维码观看。

高频核心考点 185：新七工具之四——树形图（系统图）

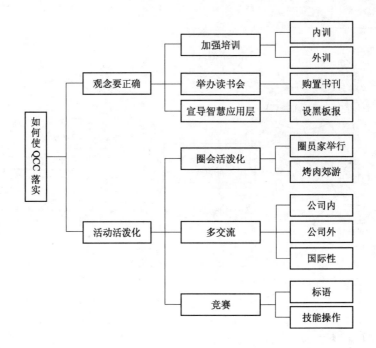

高频指数 ★

速记方法

理解其图像形状（有纵向与横向树形图）之后，掌握其特点即可，特点是：层次结构清晰。

真题再现

在质量管理的工具与技术当中，（　　）包含纵向与横向两种形式，并且能直观地显示父子关系如 WBS、OBS 等层次清晰的结构。

A. 直方图　　　　　B. 树形图　　　　　C. 石川图　　　　　D. 过程决策图

【参考答案及解析】B。树形图的特点是：层次结构清晰，且包含纵向与横向两种形式。

精彩讲解请扫描二维码观看。

高频核心考点 186：新七工具之五——矩阵图

概率	威 胁					机 会				
0.90	0.05	0.09	0.18	0.36	0.72	0.72	0.36	0.18	0.09	0.05
0.70	0.04	0.07	0.14	0.28	0.56	0.56	0.28	0.14	0.07	0.04
0.50	0.30	0.05	0.10	0.20	0.40	0.40	0.20	0.10	0.05	0.30
0.30	0.02	0.03	0.06	0.12	0.24	0.24	0.12	0.06	0.03	0.02
0.10	0.01	0.01	0.20	0.04	0.08	0.08	0.04	0.20	0.01	0.01
影响	0.05 很低	0.10 低	0.20 中等	0.40 高	0.80 很高	0.80 很高	0.40 高	0.20 中等	0.10 低	0.05 很低

高频指数 ★

速记方法

理解其图像形状之后，掌握其特点即可，特点是：有行列交叉的数据分析，强调目标与原因的关系强弱。

真题再现

在进行项目质量管理时，对实现既定的目标及其原因，用行列交叉的数据全面分析，从而得到目标及其原因之间的强弱关系，这种方法属于（　　）。

A. 流程图法

B. 实验设计法

C. 矩阵图法

D. 过程决策图

【参考答案及解析】C。矩阵图的特点是：有行列交叉的数据分析，强调目标与原因的关系强弱。

精彩讲解请扫描二维码观看。

高频核心考点 187：新七工具之六——优先矩阵图

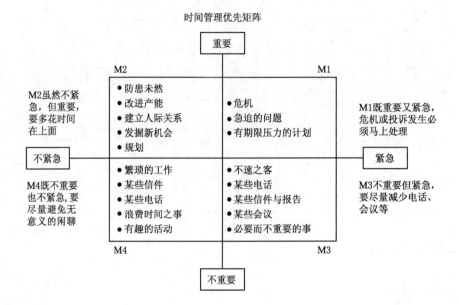

时间管理优先矩阵

	重要	
M2		M1
M2虽然不紧急，但重要，要多花时间在上面	●防患未然 ●改进产能 ●建立人际关系 ●发掘新机会 ●规划	●危机 ●急迫的问题 ●有期限压力的计划	M1既重要又紧急，危机或投诉发生必须马上处理

不紧急 ────────────────── 紧急

M4既不重要也不紧急，要尽量避免无意义的闲聊

●繁琐的工作
●某些信件
●某些电话
●浪费时间之事
●有趣的活动

●不速之客
●某些电话
●某些信件与报告
●某些会议
●必要而不重要的事

M3不重要但紧急，要尽量减少电话、会议等

M4 ──────────── M3

不重要

高频指数 ★

速记方法

掌握其特点即可，特点是：计算数学得分；得出备选方案的优先顺序，排序。

真题再现

在质量管理的工具与技术当中，（ ）用来识别关键事项和合适的备选方案，通过决策排列出优先顺序。先对标准排序和加权，再应用于所有备选方案，计算出数学得分，对备选方案排序。

A. 直方图

B. 树形图

C. 石川图

D. 优先矩阵图

【参考答案及解析】D。优先矩阵的关键特征词是排序。

精彩讲解请扫描二维码观看。

高频核心考点 188：新七工具之七——活动网络图

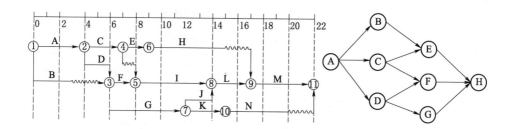

高频指数 ★

速记方法

其特点是：利用关键路径法、紧前关系绘图法等，跟编制进度计划结合适用。

真题再现

在进度管理中常用的活动网络图，如计划评审技术（PERT），关键路径法等，也可以应用于质量管理的（　　）过程中。

A. 规划质量管理

B. 实施质量保证

C. 质量控制

D. 质量改进

【参考答案及解析】B。质量管理人员在安排时间进度时，为了能够从全局出发，抓住计划评审技术（PERT）、关键路径法等统筹安排、集中力量，从而达到按时或提前完成计划的目标。这是典型的质量保证手段。

精彩讲解请扫描二维码观看。

高频核心考点189：新七工具的汇总对比

• 亲和图	把相近的想法组织起来，**发挥群体优势**
• 过程决策图（PDPC）	用于理解达成目标的**步骤之间的关系**
• 关联图	显示相互交叉的逻辑关系，**在复杂情形中创新性地解决问题**
• 树形图（系统图）	层次**结构清晰**，纵向与横向均可
• 矩阵图	行列交叉数据分析，强调**目标与原因的关系强弱**
• 优先矩阵图	计算数学得分；得出备选方案优先顺序、**排序**
• 活动网络图	利用**关键路径法**、紧前关系绘图法等，与**编制进度计划结合**

高频指数 ★★★

速记方法

按照上述的汇总，对比掌握，主要是理解其用途。（抓住加粗的关键词）

真题再现

质量管理人员在安排时间进度时，为了能够从全局出发、抓住关键路径、统筹安排、集中方量，从而达到按时或提前完成计划的目标，可以使用（　　）。

A. 活动网络图

B. 因果图

C. 优先矩阵图

D. 检查表

【参考答案及解析】A。题干当中，有"关键路径法""进度"的关键词。

精彩讲解请扫描二维码观看。

高频核心考点 190：质量审计

1. 概念

质量审计又称为质量保证体系审核，是对具体质量管理活动的结构性评审。

2. 目标

（1）识别全部正在实施的良好及最佳实践。

（2）分享所在组织或行业中类似项目的良好实践。

（3）识别全部违规做法、差距及不足。

（4）积极、主动地提供协助，以改进执行的过程，从而帮助团队提高生产效率。

（5）强调每次审计都应对组织经验教训的积累做出贡献。

3. 执行方式

质量审计可以事先安排，也可随机进行。

4. 执行者

在具体领域中有专长的内部审计师或第三方组织（外部）都可以实施质量审计可由内部或外部审计师进行。

5. 其他

质量审计还可确认已批准的变更请求（包括更新、纠正措施、缺陷补救和预防措施）的实施情况。

高频指数 ★★★★★

速记方法

（1）质量审计的目标按口诀记忆：最佳→分享；不足→改进；不管分享还是改进，都是贡献。

（2）执行方式和执行者本质是：怎么样都行（事先安排也可，随机也可；内部外部都可）。

真题再现

以下关于质量审计的叙述中，不正确的是（　　）。

A. 质量审计是对具体质量管理活动的结构性评审

B. 质量审计可以是事先安排，也可以随机进行

C. 质量审计只能由外部审计师进行

D. 质量审计可检查已批准的变更请求的实施情况

【参考答案及解析】C。质量审计的执行方式和执行者本质是：怎么样都行（事先安排也可，随机也可；内部或外部审计师都可）。

精彩讲解请扫描二维码观看。

高频核心考点 191：可交付成果的核实与验收

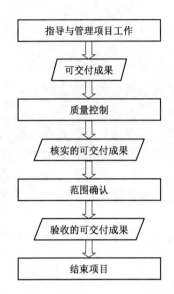

速记方法

可交付成果：通过质量控制→核实；通过范围确认→验收。

真题再现

下列叙述中，（　　）是不正确的。

A. 可交付成果是由项目的执行之后而产生的，是指导与管理项目工作的输出

B. 客户对可交付成果签字确认后，双方可展开质量控制活动，如测试、评审等

C. 可对照项目管理计划、相应的需求文件或 WBS 来核实项目范围的完成情况

D. 产生核实的可交付成果之后，项目还不算完全结束，因为还没验收

【参考答案及解析】B。质量控制（产生核实的可交付成果）应该在范围确认（产生验收的可交付成果）之前。

精彩讲解请扫描二维码观看。

高频核心考点 192：质量保证和质量控制的区别

1. 从属不同

质量保证（QA）属于执行过程组。质量控制（QC）属于监控过程组。

2. 定义不同

质量保证（QA）是审计质量要求和质量控制测量结果；属于一致性工作的范畴；关注的是与质量活动相关的制度、流程、规则。质量控制（QC）则是监督并记录质量活动执行结果（表现为可交付成果物的质量），并评估绩效，推荐变更。

3. 作用不同

质量保证（QA）是为了过程改进，建立对未来的期望和信心。质量控制（QC）是识别原因，推荐变更；确认可交付成果，以便进行验收。

4. 粒度不同

质量保证（QA）的对象更宏观，如果涉及整体项目，就是质量保证；质量控制（QC）的对象相对更具体，如涉及项目具体工作成果，就是质量控制。

5. 阶段不同

如果在项目实施阶段，涉及质量审计和过程分析，就是质量保证（QA）。

如果在项目监控阶段，涉及具体工作成果是否可以被接受，就是质量控制（QC）。

高频指数 ★★★★★

速记方法

质量保证是"保证性"的活动；质量控制是"纠正性"的活动（纠正之前，先测试对比）。

真题再现

某项目组的测试团队对项目的功能及性能进行全面测试，来保证项目的可交付成果及工作满足主要干系人的既定需求，项目组所采用的质量管理方式是（　　）。

A. 规划质量　　　B. 质量控制　　　C. 实施质量保证　　D. 质量改进

【参考答案及解析】B。测试的目的就是为了"纠正"。其实，所有控制过程组的共同特征就是两个关键词：对比、纠正。测试就是一种对比，对比实际的产品和计划的产品是否有差别。

精彩讲解请扫描二维码观看。

高频核心考点 193：质量成本进度控制输入输出对比

	输入	输出
质量控制	• 项目管理计划 • 质量测量指标 • 质量核对单 • 工作绩效数据 • 批准的变更请求 • 可交付成果 • 项目文件 • 组织过程资产	• 项目管理计划更新 • 质量控制测量结果 • 变更请求 • 工作绩效信息 • 确认的变更 • 核实的可交付成果 • 项目文件更新 • 组织过程资产更新
成本控制	• 项目管理计划 • 项目资金需求 • 工作绩效数据 • 组织过程资产	• 项目管理计划更新 • 项目文件更新 • 成本预测 • 变更请求 • 工作绩效信息 • 组织过程资产更新
进度控制	• 项目管理计划 • 项目进度计划 • 进度数据 • 项目日历 • 工作绩效数据 • 组织过程资产	• 项目管理计划更新 • 项目文件更新 • 进度预测 • 变更请求 • 工作绩效信息 • 组织过程资产更新

高频指数 ★★

速记方法

（1）输入都包含：项目管理计划、工作绩效数据、组织过程资产。

（2）输出都包含：变更请求、工作绩效信息和三大更新（项目管理计划更新、项目文件更新和组织过程资产更新）。

（3）注意不同过程特有的输出，如：质量控制测量结果；成本预测；进度预测。

真题再现

（　　）不属于质量控制的输出。

A. 工作绩效信息   B. 质量控制测量结果

C. 项目管理计划更新   D. 批准的变更请求

【参考答案及解析】D。质量控制输出变更请求。

精彩讲解请扫描二维码观看。

高频核心考点 194：人力资源管理的内容

（1）编制人力资源管理计划、组建项目团队、建设项目团队、管理项目团队。

（2）充分发挥参与项目的个人的作用。

（3）充分发挥与项目有关的人员（项目负责人、客户、为项目做出贡献的个人和团队）的作用。

（4）项目团队的管理与领导：

1）对项目团队施加影响。（项目经理需要识别人力资源因素。这些因素包括团队环境、团队成员的地理位置、干系人之间的沟通、内外部政治氛围、文化问题、组织的独特性，以及其他可能改变项目绩效的因素）

2）强调职业道德，规范职业行为。

高频指数 ★

速记方法

（1）人力资源管理的 4 个过程，关键词：编制→组建→建设→管理。

（2）一句话，其实就是：通过管理与领导的方式，发挥"人"（人，包含个人和团队）的作用！

真题再现

（案例题）简述人力资源管理都包含哪些内容？

【答】（1）编制人力资源管理计划、组建项目团队、建设项目团队、管理项目团队。

（2）充分发挥参与项目的个人的作用；充分发挥与项目有关的人员的作用。

（3）项目团队的管理与领导：①对项目团队施加影响；②强调职业道德，规范职业行为。

精彩讲解请扫描二维码观看。

高频核心考点 195：人力资源管理计划与其他子计划

十大知识领域	十三大管理计划和三大基准
• 整体管理	• 变更管理计划
• 范围管理	• 范围管理计划
• 进度管理	• 进度管理计划
• 成本管理	• 成本管理计划
• 质量管理	• 质量管理计划
• 人力资源管理	• 人力资源管理计划
• 沟通管理	• 沟通管理计划
• 风险管理	• 风险管理计划
• 采购管理	• 采购管理计划
• 干系人管理	• 干系管理计划
	• 需求管理计划
	• 过程改进计划
	• 配置管理计划
	• 成本基准
	• 范围基准
	• 进度基准

高频指数　★★★

速记方法

　　人有沟通的需求，沟通是人之间的沟通，故：人力资源管理计划与沟通管理计划密切相关。

真题再现

　　在编制项目管理计划过程中，项目管理的其他分领域计划也在同步编制。作为项目经理，编制项目人力资源管理计划过程，需要与编制（　　）的过程紧密关联。

A. 沟通计划　　　　B. 质量计划　　　　C. 风险计划　　　　D. 采购计划

【参考答案及解析】A。人有沟通的需求，人力资源管理计划与沟通管理计划密切相关。

精彩讲解请扫描二维码观看。

高频核心考点 196：角色与职责的描述形式

可使用多种形式描述项目的角色和职责，最常用的有三种：

（1）层次结构图。

（2）矩阵图（责任分配矩阵 RAM、RACI）。

（3）文本格式。

无论采用何种形式，都要确保每一个工作包只有一个明确的责任人，而且每一个项目团队成员都非常清楚自己的角色和职责。

高频指数 ★★★

速记方法

关键词：结构→矩阵→文本。

真题再现

可采用多种形式描述项目的角色和职业。下图所示的描述角色和职责的方式是（　　）。

角色：开发工程师
主要职责：……
⋮
授权：……

A. 层次结构图

B. RAM 图

C. 文本格式

D. RACI 图

【参考答案及解析】C。图中是以文本的方式描述角色和职责的。

精彩讲解请扫描二维码观看。

高频核心考点 197：层次结构图

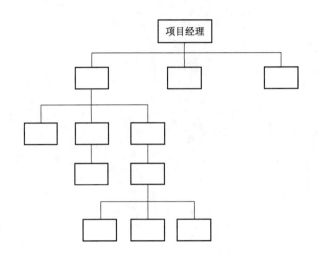

高频指数 ★★★★

速记方法

上图这种分支树形的形式属于层次结构图，有以下三种类型：

1. OBS（组织分解结构）	基于部门或团队进行分解	不同的部门对应不同的职责
2. WBS（工作分解结构）	基于可交付物进行分解	不同的交付物对应不同的职责
3. RBS（资源分解结构）	基于资源（含人力资源）分解	不同的资源对应不同的职责

真题再现

层次结构图用于描述项目的组织结构，常用的层次结构图不包含（　　）。

A. 工作分解结构
B. 组织分解结构
C. 资源分解结构
D. 过程分解结构

【参考答案及解析】D。层次结构图有三种类型：组织、工作和资源分解结构，即 OBS、WBS 和 RBS。

精彩讲解请扫描二维码观看。

高频核心考点 198：矩阵图（责任分配矩阵）

矩阵图（责任分配矩阵）是连接工作包与人力资源之间的桥梁，有两种形式：

(1) 责任分配矩阵（RAM）。

活动	王　工	李　工	廖　工
需求调研	负责	评审	
需求分析		负责	
详细设计			负责
测试		负责	

(2) 责任分配矩阵的其他格式（RACI）。

活动	人　员				
	张三	李四	王五	赵六	钱七
需求定义	A	R	I	I	I
系统设计	I	A	R	C	C
系统开发	I	A	R	C	C
测试	A	I	I	R	I

注　R—对任务负责任；A—参与任务；C—提供意见；I—应及时得到通知。

高频指数　★★★★★

速记方法

不管哪种形式，只抓住"负责"和"R"即可，且每个工作只有一个负责人。

真题再现

一个为期 2 年的项目已经实施了 1 年，在项目期间不同的项目成员进进出出，团队成员已经发生了较大的变化，而相应的团队职责分工也已经与原计划有了很多出入。最近团队成员在为一个工作包由谁来负责产生了分歧，项目经理查看了项目计划，他发现很多工作包都没有规定负责人，或者是原定的负责人已经发生了变更。针对这种情况，项目经理应该首先（　　）以加强对项目的管控。

A. 指定负责人　　　　　　　　　　B. 重新制定责任分配矩阵

C. 重新分解 WBS　　　　　　　　 D. 重新制定人力计划

【参考答案及解析】B。A 表面意思没错，也是最终目的；但是 B 更具全局统筹性，更系统，更规范。相比之下，A 显得有"头痛医头、脚痛医脚"的被动感！C 和 D 之间缺乏桥梁！责任分配矩阵是连接工作包与人力资源之间的桥梁！

精彩讲解请扫描二维码观看。

高频核心考点 199：编制人力资源管理计划的重要 ITTO

输入	工具与技术	输出
• 项目管理计划	• 组织结构图和职位描述	• 人力资源管理计划
• 活动资源需求	(1) 层次结构图	(1) 角色和职责
• 事业环境因素	（WBS、OBS、RBS）	(2) 组织结构图
• 组织过程资产	(2) 矩阵图	(3) 人员配备管理计划
	(3) 文本格式	1) 人员招募
	(4) 其他部分	2) 资源日历
	• 人际交往	3) 人员遣散计划
	• 组织理论	4) 培训需求
	• 专家判断	5) 表彰和奖励
	• 会议	6) 遵守的规定
		7) 安全性

高频指数 ★★★

速记方法

工具与技术和输出有重叠的部分，比如：层次结构图、矩阵图、文本格式都是对角色和职责的描述。

真题再现

（1）（案例题）请简述人员配备管理计划的内容。

【答】人员招募、资源日历、人员遣散计划、培训需求、表彰和奖励、遵守的规定、安全性。

（2）描述项目团队成员在项目中何时以何种方式，以及工作的持续时日等相关信息的是（　　）。

A. 项目组织结构

B. 角色职责分配

C. 活动资源需求

D. 人员配备管理计划

【参考答案及解析】D。题干中的"何时以何种方式""持续时日"体现了人员配备管理计划中的"人员招募、资源日历、人员遣散计划、遵守的规定"等要素。

精彩讲解请扫描二维码观看。

高频核心考点200：建设项目团队的重要ITTO

输入	工具与技术	输出
• 人力资源管理计划 • 项目人员分配表 • 资源日历	• 人际关系技能 • 培训 • 团队建设活动 • 基本规则 • 集中办公 • 认可与奖励 • 人事测评工具	• 团队绩效评估 • 事业环境因素更新

高频指数 ★★★★

速记方法

注意：事业环境因素大多数情况下都是不能改动的，这里比较特殊，居然更新了事业环境因素！这是因为，事业环境因素里包含人力资源的构成情况，建设项目团队之后，人力资源的构成发生了变化。

真题再现

进行团队建设时可以采取的方式有（　　）。

A. 培训、拓展训练，认可和奖励

B. 冲突管理、观察和对话、绩效评估

C. 冲突管理、观察和对话、认可和奖励

D. 谈判、采购、虚拟团队

【参考答案及解析】A。培训、拓展训练，认可和奖励等都是建设项目团队的工具与技术。建设项目团队的工具与技术也会偶尔考案例题，务必熟记。

精彩讲解请扫描二维码观看。

高频核心考点 201：组建和建设项目团队的区别

组建项目团队的工具与技术	建设项目团队的工具与技术
• 事先分派	• 人际关系技能
• 谈判	• 培训
• 招募	• 团队建设活动
• 虚拟团队	• 基本规则
• 多维决策分析	• 集中办公
	• 认可与奖励
	• 人事测评工具

高频指数 ★★★

速记方法

从工具与技术可知，二者的区别是：

（1）组建项目团队：通过调配、招聘等方式得到需要的项目人力资源。

（2）建设项目团队：培养提高团队个人的技能，提高团队的整体水平。

（3）简单来说，就是：组建→招人；建设→培训人。

真题再现

项目团队建设的内容一般不包括（　　）。

A. 培训

B. 认可和奖励

C. 招募

D. 同地办公

【参考答案及解析】C。招募是组建项目团队的工具与技术。注意：建设项目团队的工具与技术等同于建设项目团队的内容。因为，可以通过工具与技术体现出内容。建设项目团队的工具与技术＝建设项目团队的内容＝建设项目团队的形式。

精彩讲解请扫描二维码观看。

高频核心考点 202：人员配备管理计划与建设项目团队

人员配备管理计划	建设项目团队的工具与技术
人员招募	人际关系技能
资源日历	人事测评工具
培训需求	培训
表彰和奖励	认可和奖励
人员遣散计划	团队建设活动
遵守的规定	基本规则
安全性	集中办公

 高频指数 ★★★

速记方法

人员配备管理计划的内容与建设项目团队的工具与技术很类似，正好都有 7 个点。可以按照上表整理之后的顺序，关联记忆！比如，可以用这样的口诀或含义去理解记忆：人员招募之后会产生人际关系；人事测评之后才能确定资源日历；建设和遣散正好是反义词；遵守基本的规则；集中办公才安全。

真题再现

（案例题）建设项目团队都有哪些形式？

【答】人际关系技能、人事测评工具、培训、认可和奖励、团队建设活动、基本规则、集中办公。

【注意】建设项目团队的工具与技术＝建设项目团队的内容＝建设项目团队的形式。

精彩讲解请扫描二维码观看。

高频核心考点 203：成功团队的特征

成功的团队具有如下的共同特点：

（1）团队的目标明确，成员清楚自己的工作对目标的贡献。

（2）团队的组织结构清晰，岗位明确。

（3）有成文或习惯的工作流程和方法，而且流程简明有效。

（4）项目经理对团队成员有明确的考核和评价标准，工作结果公正公开、赏罚分明。

（5）有共同制订并遵守的组织纪律。

（6）协同工作，也就是一个成员工作需要依赖于另一个成员的结果，善于总结和学习。

高频指数 ★★★★★

速记方法

该考点经常考案例题，但没必要一字不漏地记忆，抓住关键词再用自己的话展开即可：

目标→组织→方法→标准→纪律→学习（也可以用一句话把它们串起来：想达到目标必须建立组织架构，然后按照科学的方法和标准去执行，在此过程当中遵守纪律且不断地学习）。

真题再现

（案例题）成功的团队具有哪些特征？

【答】（1）有明确的目标。

（2）有高效率的、合理的组织架构。

（3）有一套成熟的流程和方法。

（4）有公平公正的考核标准。

（5）有强大的组织纪律性。

（6）善于总结和学习。

（这样回答即可得满分 6 分）

精彩讲解请扫描二维码观看。

高频核心考点 204：团队建设的 5 个阶段

优秀的团队不是一蹴而就的，一般要依次经历以下 5 个阶段。

（1）形成阶段（Foming）：一个个独立的个体成员转变为团队成员，开始形成共同目标，对未来团队往往有美好的期待。

（2）震荡阶段（Stoming）：团队成员开始执行分配的任务，一般会遇到超出预想的困难，希望被现实打破。个体之间开始争执，互相指责，并且开始怀疑项目经理的能力。

（3）规范阶段（Norming）：经过一定时间的磨合，团队成员之间相互熟悉和了解，矛盾基本解决，项目经理能够得到团队的认可。

（4）发挥阶段（Perfoming）：由于相互之间的配合默契和对项目经理的信任，成员积极工作，努力实现目标。这时集体荣誉感非常强，常将团队换成第一称谓，如"我们那个组""我们部门"等，并会努力捍卫团队声誉。

（5）结束阶段（Adjourning）：随着项目的结束，团队也被遣散了。

高频指数 ★★★★★

速记方法

抓住每个阶段的特征：形成→期待；震荡→指责；规范→熟悉；发挥→积极。

真题再现

项目团队形成要经历 5 个阶段，其中经过一段时间的磨合，团队成员之间已经相互熟悉和了解，团队矛盾已经基本解决的阶段是（　　　）。

A. 形成阶段

B. 发挥阶段

C. 震荡阶段

D. 规范阶段

【参考答案及解析】D。团队成员之间已经相互熟悉和了解，即：规范→熟悉。

精彩讲解请扫描二维码观看。

高频核心考点 205：管理项目团队的重要 ITTO

输入	工具与技术	输出
• 人力资源管理计划	• 观察与交谈	• 变更请求
• 项目人员分派表	• 项目绩效评估	• 项目管理计划更新
• 团队绩效评估	• 冲突管理	• 项目文件更新
• 问题日志	• 人际关系技能	• 组织过程资产更新
• 工作绩效报告		• 事业环境因素更新
• 组织过程资产		

高频指数 ★★★

速记方法

（1）为什么将问题日志作为输入？因为：团队产生问题了，就需要管理团队。

（2）观察与交谈、冲突管理是管理项目团队的重要工具与技术。

（3）管理项目团队之后，可能会影响到人力资源构成，所以导致事业环境因素更新。

真题再现

可以通过多种方法实现对项目团队的管理，随着远程通信方式的快速发展，虚拟团队成了项目管理的方式。作为项目经理，想要管理好虚拟团队，采用（　　）方法更合适。

A. 问题清单

B. 冲突管理

C. 风险管理

D. 观察和交流

【参考答案及解析】D。问题清单＝问题日志，是输入，不是工具与技术和方法；观察与交谈、冲突管理都是管理项目团队的重要工具与技术，但是虚拟团队更强调沟通的重要性。

精彩讲解请扫描二维码观看。

高频核心考点 206：冲突解决的方法

1. 问题解决	冲突各方一起积极选择一个最合适的方案
2. 合作	集合多方的观点，得出一个多数人接受的解决方案
3. 强制	以牺牲其他各方的观点为代价，强制采纳一方的观点
4. 妥协	各方都有一定程度满意、但没有任何一方完全满意的解决方法
5. 求同存异	淡化不一致的一面。回避了解决冲突的根源。冷静下来，先做工作
6. 撤退	撤退就是把眼前的或潜在的冲突搁置起来，从冲突中撤退

高频指数 ★★★★★

速记方法

（1）从"1"到"6"，越来越消极。

（2）问题解决针对方案；合作首先针对人（观点）。

（3）妥协是"有满意、没有完全满意"；求同存异是"回避"；因此，妥协比求同存异积极些。

真题再现

（1）（   ）指的是集合多方的观点和意见，得准多数人接受和承诺的冲突解决的方式。

A. 合作　　　　　　B. 强制　　　　　　C. 妥协　　　　　　D. 问题解决

【参考答案及解析】A。针对观点＝合作；针对方案＝问题解决。

（2）关于项目团队管理，不正确的是（   ）。

A. 项目团队管理用于跟踪个人和团队的绩效，解决问题和协调变更

B. 项目成员的工作风格差异是冲突的来源之一

C. 在一个项目团队环境下，项目经理不应公开处理冲突

D. 合作、强制、妥协、求同存异等是解决冲突的方法

【参考答案及解析】C。项目经理应公开处理冲突。

精彩讲解请扫描二维码观看。

高频核心考点 207：马斯洛需求层次理论

（1）生理需求：对衣食住行等，这类需求的级别最低。

（2）安全需求：人身安全、免遭痛苦或疾病等的需求。

（3）社会交往（社交）的需求：包括对友谊、爱情的需求。

（4）尊重的需求：自尊心和荣誉感。

（5）自我实现的需求：想获得更大的空间以实现自我发展的需求。

底层的 4 种需求是基本的需求，自我实现的需求是最高层次的需求。

马斯洛需求层次理论有如下的三个假设：

（1）人要生存。

（2）人的需求按重要性从低到高排成金字塔形状。

（3）当人的某一级的需求得到满足后，才会追求更高一级的需求，如此逐级上升，成为他工作的动机。项目团队的建设过程中，项目经理需要理解项目团队的每一个成员的需求等级，并据此制订相关的激励措施。

高频指数　★

速记方法

马斯洛需求层次理论见右图：生理→安全→社交→尊重→自我。

（口诀：人生，安全社交才能尊重自我）

真题再现

为了满足员工的归属感需要，某公司经常为新员工组织一些聚会或者社会活动，按照马斯洛的需求层次理论，这属于满足员工的（　　）的需求。

A. 安全

B. 社会交往

C. 自尊

D、自我实现

【参考答案及解析】B。聚会或者社会活动了社交的需求。

精彩讲解请扫描二维码观看。

高频核心考点 208：双因素理论

第一类是保健因素：工作环境、工资薪水、公司政策、个人生活、管理监督、人际关系等。

第二类是激励因素：成就、承认、工作本身、责任、发展机会等。

当激励因素缺乏时，人们就会缺乏进取心，对工作无所谓，但一旦具备了激励因素，员工则会感觉到强大的激励力量而产生对工作的满意感，所以只有这类因素才能真正激励员工。

高频指数 ★

速记方法

激励因素缺乏时，人们就会缺乏进取心，这是人性。

真题再现

当工作环境、工资薪水、公司政策、人际关系等因素不健全时，人们就会产生不满意感，但即使这些因素很好时，也仅仅可以消除工作中的不满意，却无法增加人们对工作的满意感。这种激励理论是（　　）。

A. 马斯洛的需求层次理论

B. 赫兹伯格的双因素理论

C. 维克多·弗洛姆的期望理论

D. 道格拉斯·麦格雷戈的 X－Y 理论

【参考答案及解析】B。赫兹伯格的双因素理论认为：当激励因素缺乏时，人们就会缺乏进取心。

精彩讲解请扫描二维码观看。

高频核心考点 209：X 理论和 Y 理论

X 理 论	Y 理 论
(1) 好逸恶劳，逃避工作	(1) 热爱工作，满足感和成就感
(2) 自我为中心，漠视组织	(2) 自我确定目标
(3) 缺乏进取心，逃避责任	(3) 自我指挥和自我控制
(4) 听从指挥，安于现状，没有创造性	(4) 愿意主动承担责任
(5) 容易受骗，易受人煽动	(5) 有一定的想象力和创造力
(6) 反对改革	(6) 智慧和潜能只是部分地得到了发挥
管理策略：监督、控制 （项目开始阶段） （团队形成、震荡阶段）	管理策略：开放、民主 （项目执行阶段） （团队规范、发挥阶段）

高频指数 ★★★

速记方法

(1) X 形状像打叉，即：X＝× （X 都是不好的）。

(2) Y 上半部的形状像打钩，即：Y＝√ 或 ∨ （Y 都是好的）。

真题再现

（ ）属于人力资源管理的 Y 理论。

A. 一般人天生好逸恶劳，只要有可能就会逃避工作

B. 在适当的条件下，人们愿意主动承担职责

C. 人缺乏进取心，逃避职责，甘愿听从指挥，安于现状，没有创新性

D. 人生来就是自我为中心，漠视组织的要求

【参考答案及解析】B。愿意主动承担职责这是好的，可以打钩√ 或 ∨，＝Y。

精彩讲解请扫描二维码观看。

高频核心考点 210：影响力和影响员工的方法

1. 影响力

主要体现在如下各方面：

（1）说服别人，以及清晰表达观点和立场的能力。

（2）积极且有效地倾听。

（3）了解并综合考虑各种观点。

（4）收集相关且关键的信息，以解决重要问题，维护相互之间的信任，达成一致意见。

2. 影响员工的方法

①权力；②任务分配；③预算支配；④员工升职；⑤薪金待遇；⑥实施处罚；⑦工作挑战；⑧专门技术；⑨友谊。

研究表明，项目经理使用工作挑战和专门技术来激励员工工作往往能取得成功。而当项目经理使用权力、金钱或处罚时，他们常常会失败。

高频指数 ★★

速记方法

（1）明确优先使用：工作挑战和专门技术。

（2）注意任务分配和工作挑战的区别：

1）任务分配→根据员工的职责来安排工作（即：合适的人做合适的事）。

2）工作挑战→根据员工的喜好来安排工作。

真题再现

（案例题）影响员工的方法都有哪些？其中项目经理应该首先运用哪些方法？

【答】（1）影响员工的方法有权力、任务分配、预算支配、员工升职、薪金待遇、实施处罚、工作挑战、专门技术、友谊等。

（2）项目经理应该首先运用工作挑战、专门技术等方法。

精彩讲解请扫描二维码观看。

高频核心考点 211：项目经理的权力及其使用

项目经理的权力分有：

（1）来自公司授权的：

1）合法的权力。

2）强制力。

3）奖励权力。

（2）来自项目经理本人的：

4）专家权力。

5）感召权力。

 高频指数 ★★

速记方法

（1）优先使用：奖励权力、专家权力。

（2）避免使用：强制力。

真题再现

（案例题）项目经理的权力有哪些？项目经理应该首先运用哪些权力？避免使用哪些权力？

【答】（1）合法的权力、强制力、奖励权力、专家权力、感召权力。

（2）优先运用奖励权力、专家权力。

（3）避免使用强制力。

精彩讲解请扫描二维码观看。

高频核心考点 212：沟通方式

沟通方式主要有参与、征询、说明、叙述。

高频指数　★★★★★

速记方法

通过图表掌握，注意参与程度和控制程度的强弱顺序；注意典型代表。

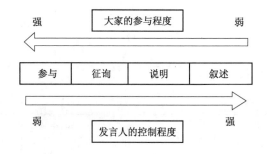

沟通方式选择对比见下表：

沟通方式	掌握信息的能力（1～4，1最弱，4最强）	是否需要听取他人的意见和想法	是否需要控制信息内容	典型代表	发言人的控制强度（1～4，1最弱，4最强）	大家的参与程度（1～4，1最弱，4最强）
讨论	1	是	否	头脑风暴	1	4
征询	2	是	否	调查问卷	2	3
推销	3	否	是	叙述解释	3	2
叙述	4	否	是	劝说鼓动	4	1

真题再现

在沟通过程中，当发送方自认为已经掌握了足够的信息，有了自己的想法且不需要进一步听取多方意见时，一般会选择（　　）进行沟通。

A. 征询方式　　　　B. 参与讨论方式　　　C. 推销方式　　　　D. 叙述方式

【参考答案及解析】D。已掌握足够信息，不需要听取意见，属于叙述方式，见上表。

精彩讲解请扫描二维码观看。

高频核心考点 213：沟通渠道

沟通渠道多种多样，包括电子邮件、纸质文档、短信、博客、网站、维基、群发邮件、电话、语音邮件、电话会议、播客、面对面、演讲和发布会、参与度较高和控制力较低类型的会议、网络直播、视频会议等。从即时性和表达方式两个维度，可得如下的沟通渠道矩阵（沟通渠道表）。

表达方式	即时性维度		
	高等：即时性强	中等：即时性中等	低等：即时性弱
文字	短信 即时通信	电子邮件 博客 维基	纸质文档 网站 群发邮件
语言	电话 电话会议		语音邮件 播客
混合	面对面 参与度较高和控制力较低类型的会议 视频会议	演讲和发布会 网络直播	

（表左侧标注：表达方式维度）

高频指数 ★★★★★

速记方法

通过上表的汇总，对比、理解。

真题再现

关于沟通表达方式的描述，不正确的是（　　）。

A. 文字沟通的优点是：读者可以根据自己的速度进行调整

B. 文字沟通的缺点是：无法控制何时，以及是否被阅读

C. 语言沟通的优点是：节约时间，因为语言速度高于阅读速度

D. 语言沟通的缺点是：做不到文字资料的精确性和准确性

【参考答案及解析】C。对于接收方，读取语音信息比文字需花更多时间。听一百个字语音也许要几分钟，可是阅读一百个字的文字也就几十秒钟。

精彩讲解请扫描二维码观看。

高频核心考点 214：沟通的有效性

沟通的有效性指两个方面：

1. 效果

强调的是在适当的时间，以适当的方式，将信息准确地发送给适当的沟通参与方（信息的接收方），并且使信息能够被正确地理解，最终参与方能够正确地采取行动。

2. 效率

强调的是及时提供所需的信息。

高频指数 ★

速记方法

理解→行动→及时。

真题再现

关于沟通的描述，不正确的是（　　　）。

A. 沟通模型的各要素会影响沟通的效率和效果

B. 管理沟通过程中要确保已创建并发布的信息能够被接受和理解

C. 项目经理在项目进行中，应定期或不定期进行绩效评估

D. 为了方便快捷地进行沟通，项目进行过程中需选择固定的沟通渠道

【参考答案及解析】D。为了方便快捷地进行沟通，项目进行过程中应该根据实际情况，灵活地运用各种沟通渠道。

精彩讲解请扫描二维码观看。

高频核心考点 215：沟通方法

沟通方法，通常包括三种：

（1）交互式沟通，如会议、电话、即时通信等。

（2）推式沟通，如电子邮件、报告、传真、语音邮件、日志、新闻稿等。

（3）拉式沟通，如企业网站、在线课程、经验数据库、知识库等。

高频指数 ★★★★★

速记方法

（1）交互→推→拉。

（2）特别注意：语音邮件、日志、新闻稿属于推式；在线课程属于拉式，而不是交互式。

（3）通过下表的汇总，对比掌握：

1. 交互式沟通	会议、电话、即时通信等
2. 推式沟通	电子邮件、报告、传真、语音邮件、日志、新闻稿等
3. 拉式沟通	企业网站、在线课程、经验数据库、知识库等

真题再现

在项目管理的沟通方法当中，推式沟通不包括（　　）。

A. 语音邮件

B. 即时通信

C. 日志

D. 新闻稿

【参考答案及解析】B。即时通信属于交互式沟通；语音邮件、日志、新闻稿都属于推式沟通。

精彩讲解请扫描二维码观看。

高频核心考点 216：澄清沟通的几个概念

沟通的概念主要有：沟通模型、沟通方式、沟通渠道、沟通方法。这几个概念很容易混淆，现通过图表汇总的方式澄清对比。

1. 沟通模型

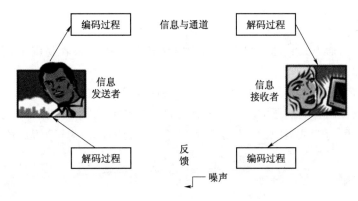

2. 沟通方式

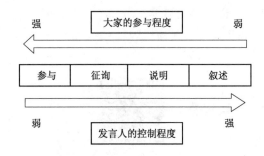

3. 沟通渠道

表达方式	高等：即时性强	中等：即时性中等	低等：即时性弱
文字	短信 即时通信	电子邮件 博客 维基	纸质文档 网站 群发邮件
语言	电话 电话会议		语音邮件 播客
混合	面对面 参与度较高和控制力较低类型的会议 视频会议	演讲和发布会 网络直播	

4. 沟通方法

1. 交互式沟通	会议、电话、即时通信等
2. 推式沟通	电子邮件、报告、传真、语音邮件、日志、新闻稿等
3. 拉式沟通	企业网站、在线课程、经验数据库、知识库等

高频指数 ★★

速记方法

沟通模型、沟通方式、沟通渠道、沟通方法这几个概念很容易混淆，特别是沟通方式、沟通方法和沟通渠道。

从汉语言文学的角度来讲，沟通方式、方法和沟通渠道这几个概念从本质上可以说是一回事，因此，在回答案例题的时候，不管题目是问"方式""方法"或"渠道"，把三者统统都写上去。因为考试当中的"标准"答案不一定是对的。为了万无一失，最好把三者都写上。

真题再现

（案例题）在项目管理实践当中，项目经理可选择的沟通方式都有哪些？

【答】（1）参与、征询、说明、叙述等。

（2）交互式沟通、推式沟通、拉式沟通等。

（3）会议、电话、报告、传真等。

精彩讲解请扫描二维码观看。

高频核心考点 217：沟通计划和干系人分析的关系

（1）（项目启动时）识别干系人→干系人管理计划。

（2）干系人管理计划（几乎同时）→沟通管理计划。

（3）人力资源管理计划（几乎同时）→沟通管理计划。

高频指数　★★★★★

速记方法

（1）因为人有沟通的需求，所以一旦做了干系人管理计划和人力资源管理计划，同时也做沟通管理计划。

（2）识别干系人在项目启动的时候做，见下表（项目启动过程组在计划过程组之前）：

管理领域	过　程　组				
	启　动	计　划	执　行	控　制	收　尾
干系人管理	识别干系人	编制干系人管理计划	管理干系人参与	控制干系人参与	
沟通管理		编制沟通管理计划	管理沟通	控制沟通	
人力资源管理		制订人力资源计划	组建、建设团队	管理项目团队	

真题再现

在项目5个管理过程组中，计划过程组不包括（　　）。

A. 成本估算

B. 收集需求

C. 风险定性分析和定量分析

D. 识别干系人

【参考答案及解析】D。在项目启动时就识别出关键干系人是非常重要的。只有这样，才有可能发现他们的诉求和影响力，以便在项目的整个生命周期中通过与项目关键干系人的沟通和期望管理，使其行为对项目产生正面的影响。什么时候分析干系人？干系人分析是在项目启动时进行的，在制定项目计划之前。

精彩讲解请扫描二维码观看。

高频核心考点 218：沟通管理计划的内容

沟通管理计划的内容分成五类（5个维度）：

1. 人物

（1）负责信息沟通工作的具体人员。

（2）负责信息保密工作的具体人员的授权。

（3）信息接收的个人或组织。

2. 原因

（4）干系人的沟通需求。

（5）发布信息的原因。

3. 条件

（6）沟通渠道的选择。

（7）信息传递过程中所需的技术和方式方法。

（8）进行有效沟通所必须分配的资源，包括时间和预算。

4. 信息

（9）对沟通信息的描述，包括格式、内容、详尽程度等。

（10）沟通的频率。

5. 其他

（11）通用词语表、术语表。

（12）工作指导和相关模板。

（13）各种制约因素。

（14）上报过程、路径。

（15）更新和细化方法。

（16）信息流向图、工作流程图、授权顺序、报告清单、会议计划等。

（17）有利于沟通的其他方面，如建议的搜索引擎、软件使用手册等。

高频指数 ★★★★★

速记方法

教材上是17条，不容易记忆。把它们分成5个维度来记忆，如上述所示。口诀：沟通需要人、原因和条件，沟通的内容是信息本身，沟通还需要一些术语、模板、更新等。

真题再现

（1）项目沟通管理计划的主要内容中不包括（   ）。

A. 信息的传递方式

B. 项目问题的解决

C. 更新沟通管理计划的方法

D. 项目干系人沟通要求

【参考答案及解析】B。项目问题的解决在项目的执行过程组和控制过程组，而沟通管理计划在计划过程组。

（2）项目经理 80％甚至更多的时间都用于进行项目沟通工作。在项目的沟通管理计划中可以不包括（　　）。

A. 传达信息所需的技术或方法

B. 沟通频率

C. 干系人登记册

D. 对要发布信息的描述

【参考答案及解析】C。干系人登记册是识别干系人（启动组）的输出；而沟通管理计划在计划过程组。

精彩讲解请扫描二维码观看。

高频核心考点 219：管理沟通的重要 ITTO

输入	工具与技术	输出
• 沟通管理计划 • 工作绩效报告 • 事业环境因素 • 组织过程资产	• 沟通技术 • 沟通模型 • 沟通方法 • 信息管理系统 • 绩效报告（报告绩效）	• 项目沟通 • 项目管理计划更新 • 项目文件更新 • 组织过程资产更新

高频指数 ★

速记方法

注意工作绩效报告和报告绩效的区别：

（1）前者是名词，后者是动词。

（2）前者是输入，后者是工具。

真题再现

关于管理沟通的描述，不正确的是（　　）。

A. 项目经理在项目进行中，应综合运用各种沟通模型、沟通方式、沟通方法和沟通渠道

B. 项目经理在项目进行中，应综合运用信息管理系统提高沟通效率

C. 项目经理在项目进行中，应定期或不定期地报告绩效

D. 工作绩效报告是管理沟通的工具与技术

【参考答案及解析】D。工作绩效报告和报告绩效的区别：前者是名词、输入；后者是动词、工具。

精彩讲解请扫描二维码观看。

高频核心考点 220：控制沟通的工具与技术——会议

项目的会议分三类：

1. 项目启动会议

项目启动会议一般在项目团队内部和外部分别举行。

内部启动会议重点解决内部的资源调配和约束条件的确认。

而外部启动会议主要是协调甲方和乙方的项目接口工作。

2. 项目的例会

项目的例会通常是项目中最重要的会议之一，一般以周为单位召开，是项目团队内部沟通的主要平台。对于某些大型项目也可以双周或月为周期。

3. 项目总结会议

项目总结会议的内容主要是提出改进措施，对经验进行总结，对知识进行积累。

高频指数 ★

速记方法

按照项目的时间顺序：启动→（计划、执行、控制）→收尾。

分别对应：启动会→例会→总结会。

真题再现

召开会议就某一事项进行讨论是有效的项目沟通方法之一，确保会议成功的措施包括提前确定会议目的、按时开始会议等，（　　　）不是确保会议成功的措施。

A. 项目经理在会议召开前一天，将会议议程通过电子邮件发给参会人员

B. 在技术方案的评审会议中，某专家发言时间超时严重，会议主持人对会议进程进行控制

C. 某系统验收会上，为了避免专家组意见太发散，项目经理要求会议主持人给出结论性意见

D. 项目经理指定文档管理员负责会议记录

【参考答案及解析】C。正常是由甲方领导或负责人给出结论性意见，会议主持人是无法给出结论性意见的；另外，专家组意见发散是项目经理无法避免的。

精彩讲解请扫描二维码观看。

高频核心考点 221：干系人分析与项目生命周期关系

在项目启动时，就识别出关键干系人是非常重要的。只有这样，才有可能发现他们的诉求和影响力，以便在项目的整个生命周期中通过与项目关键干系人的沟通和期望管理，使其行为对项目产生正面的影响。

什么时候分析干系人？干系人分析也是在项目启动时进行的，在制定项目计划之前。

高频指数 ★★★★★

速记方法

（1）干系人分析是识别干系人的工具与技术，二者都在启动组的范畴。

（2）立项→启动→规划。干系人分析在项目启动时进行。项目启动在立项之后，制定项目计划之前。

真题再现

关于干系人管理的描述。不正确的是（　　）。

A. 干系人分析在项目立项时进行，以便尽早了解干系人对项目的影响

B. 识别干系人的方法包含组织相关会议、专家判断、干系人分析等

C. 干系人分析是系统地收集干系人各种定性和定量信息的一种方法

D. 典型的项目干系人包含客户、用户、高层领导、项目团队和社会成员等

【参考答案及解析】A。启动和立项不同，启动是在立项之后，在计划之前。即，立项→启动→规划。干系人分析在项目启动时进行。

精彩讲解请扫描二维码观看。

高频核心考点 222：干系人分析的步骤

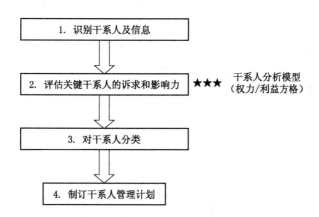

**高频指数** ★★★★★

速记方法

识别→评估→分类→计划。

真题再现

识别项目干系人的活动按时间先后排序，正确的是（　　）。

①对干系人分类　　　　②识别干系人及信息

③制定干系人管理计划　④评估关键干系人的诉求和影响力

A. ④③②①

B. ②④①③

C. ①②③④

D. ②①④③

【参考答案及解析】B。识别后才能评估，评估后才能分类，即：识别→评估→分类→计划。

精彩讲解请扫描二维码观看。

高频核心考点 223：干系人分析模型

干系人分析模型有 4 种：

1. 权力/利益方格

根据干系人的职权（权力）大小以及对项目结果的关注程度（利益）进行分组。

2. 权力/影响方格

根据干系人的职权（权力）大小以及主动参与（影响）项目的程度进行分组。

3. 影响/作用方格

根据干系人主动参与（影响）项目的程度以及改变项目计划或执行的能力（作用）进行分组。

4. 凸显模型

根据干系人的权力（施加自己意愿的能力）、识别干系人紧急程度（需要立即关注）和合法性（有权参与），对干系人进行分类。

高频指数 ★★★★

速记方法

利益＝关注。
影响＝参与。
作用＝能力。

真题再现

对项目干系人进行分类时，常用的分类方法不包括（　　　）。

A. 权力/利益方格

B. 权力/影响方格

C. 影响/作用方格

D. 影响/意愿方格

【参考答案及解析】D。干系人分析模型有 4 种：权力/利益方格、权力/影响方格、影响/作用方格、凸显模型。

精彩讲解请扫描二维码观看。

高频核心考点 224：权力/利益方格

干系人分析模型有 4 种：权力/利益方格、权力/影响方格、影响/作用方格、凸显模型。其中最重要的就是权力/利益方格，见下图：

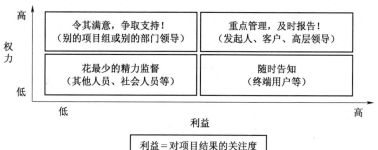

高频指数 ★★★★★

速记方法

按上图的方式记忆：
（1）重点管理→发起人、客户、高层领导。
（2）令其满意→别的项目组或别的部门领导。

真题再现

权力/利益方格根据干系人权力的大小，以及利益大小（或项目关注度）对干系人进行分类，是干系人分析的方法之一，对于那些对项目有很高的权利同时又非常关注项目结果的干系人，项目经理应采取的干系人管理策略是（　　　）。

A. 令其满意

B. 重点管理

C. 随时告知

D. 监督

【参考答案及解析】B。很高权力=发起人、客户、高层领导，所以重点管理。

精彩讲解请扫描二维码观看。

高频核心考点 225：干系人参与评估矩阵

干系人	不知晓	抵制	中立	支持	领导
干系人 1	C			D	
干系人 2			C	D	
干系人 3				DC	

高频指数 ★★

速记方法

（1）矩阵就是表格的意思，矩阵＝表格。

（2）错误的理解：干系人（主语）参与评估（谓语）。

（3）正确的理解：评估（动词）干系人的参与（宾语）。

（4）C 表示干系人当前的参与程度，D 表示期望干系人的参与程度。表中，干系人 1 和干系人 2 还没达到项目经理的期待，要继续做他们的思想工作以取得他们的支持。

真题再现

某项目经理在编制干系人管理计划，绘制的如下表格是（　　　）。

干系人	不知晓	抵制	中立	支持	领导
干系人 1	C			D	
干系人 2			C	D	
干系人 3				DC	

A. 干系人职责分配矩阵

B. 干系人优先矩阵

C. 干系人参与评估矩阵

D. 干系人亲和图

【参考答案及解析】C。干系人参与评估矩阵，用来评估"干系人的参与"。

精彩讲解请扫描二维码观看。

高频核心考点 226：风险的概念和分类

1. 风险的概念

2. 风险的分类

（1）按性质（后果）：纯粹风险（无任何收益）；投机风险（可能带来收益，也可能带来损失）。

（2）按产生原因（来源）：自然风险（天灾）、人为风险（又可分为行为风险、经济风险、技术风险、政治和组织风险等）。

3. 风险的特征

风险具有可变性、不确定性、相对性等特征。

高频指数 ★★★

速记方法

注意纯粹风险和投机风险的区别：纯粹＝无收益；投机＝有盈有亏。

真题再现

既可能带来机会、获得利益，又隐含威胁、造成损失的风险，称为（   ）。

A. 可预测风险

B. 人为风险

C. 投机风险

D. 可管理风险

【参考答案及解析】C。本题从性质（后果）的角度分类，投机风险可能带来收益，也可能带来损失。

精彩讲解请扫描二维码观看。

高频核心考点 227：风险管理计划的内容

风险管理计划的内容包括：

（1）角色与职责。

（2）干系人风险承受力（容忍度）。

（3）方法论。

（4）预算。

（5）时间安排。

（6）风险类别：风险分解结构（RBS）。

（7）风险概率和影响力的定义。

（8）风险概率和影响矩阵。

（9）报告的格式。

（10）跟踪：记录和审计风险管理过程。

高频指数 ★★

速记方法

（1）前 5 条是：人、方法、金钱、时间。（第 1 条和第 2 条都是人）

（2）后 5 条是：报告和跟踪。（第 6～8 条其实可以形成报告）

（3）口诀：人根据一定的方法，花费金钱和时间写报告并且跟踪。

真题再现

（案例题）简述风险管理计划的内容。

【答】角色与职责、干系人风险承受力、方法论、预算、时间安排；风险类别（RBS）、风险概率和影响力的定义及影响矩阵、报告的格式、跟踪（记录和审计风险管理过程）等。

精彩讲解请扫描二维码观看。

高频核心考点 228：风险识别的重要输入

风险识别的重要输入有：

(1) 干系人登记册。

(2) 项目文件。

(3) 采购文件。

高频指数 ★

速记方法

(1) 为什么干系人登记册是重要输入？因为里面有发起人和客户，他们都有风险容忍度。

(2) 为什么项目文件是重要输入？因为里面的项目章程、问题日志本身就有对风险的描述。

(3) 为什么采购文件是重要输入？因为采购文件的详细程度和复杂程度与采购的风险相匹配。

真题再现

下述哪个不是风险识别的输入？（　　）

A. 项目文件

B. 风险登记册

C. 干系人登记册

D. 采购文件

【参考答案及解析】B。风险登记册是风险识别的输出。

精彩讲解请扫描二维码观看。

高频核心考点 229：风险识别重要工具——德尔菲法

德尔菲法的流程：

（1）专家匿名参与。

（2）组织者通过调查问卷征询专家意见。

（3）组织者归纳。

（4）组织者把归纳结果反馈给专家，专家之间传阅、评论和修改自身意见。

（5）以上反复多轮，最后达成一致！

德尔菲法的优点：防止个人主义、减轻数据的偏倚。

高频指数 ★★★★★

速记方法

（1）掌握流程当中的几个要点：专家匿名参与→专家之间传阅、评论、修改→反复多轮。

（2）这样一来，优点就显而易见了：防止个人主义、减轻数据的偏倚。

真题再现

德尔菲技术是一种非常有用的风险识别方法，其主要优势在于（　　）。

A. 可以明确表示出特定变量出现的概率

B. 能够为决策者提供一系列图表式的决策选择

C. 可以过滤分析过程中的偏见，防止任何个人结果施加不当的过大影响

D. 有助于综合考虑决策者对风险的态度

【参考答案及解析】C。德尔菲法的优点：防止个人主义、减轻数据的偏倚。

精彩讲解请扫描二维码观看。

高频核心考点 230：风险识别重要工具——SWOT 分析

	Strength 优势	Weakness 劣势
O机会	S-O战略：发挥优势，利用机会	W-O战略：克服弱点，利用机会
T威胁	W-T战略：减小弱点，回避威胁	S-T战略：发挥优势，回避威胁

高频指数 ★★★★★

速记方法

（1）好的→发挥、利用。（优势和机会属于好的）

（2）不好的→减小、回避。（劣势和威胁属于不好的）

真题再现

某公司经过 SWOT（Strength 优势、Weakness 劣势、Opportunity 机会、Threat 威胁）分析后形成的表格如下，依据其中⑤号区域的内容而制定的战略属于（   ）。

	③优势，列出自身优势	④劣势，列出自身劣势
①机会：列出现有机会	⑤	⑥
②挑战：列出面临的威胁	⑦	⑧

A. 抓住机遇、发挥优势的战略

B. 利用机会、克服弱点的战略

C. 利用优势、减少威胁的战略

D. 弥补缺点：规避威胁的战略

【参考答案及解析】A。好的→发挥、利用；不好的→减小、回避。

精彩讲解请扫描二维码观看。

高频核心考点 231：定性风险分析的重要 ITTO

输入	工具与技术	输出
• 风险管理计划 • 范围基准 • 风险登记册 • 事业环境因素 • 组织过程资产	• 风险概率和影响评估 • 风险概率和影响矩阵 • 风险数据质量评估 • 风险分类 • 风险紧迫性评估 • 专家判断	• 风险登记册更新 • 假设条件日志更新

高频指数 ★★★★

速记方法

（1）为什么要将范围基准作为输入？因为：创新技术或复杂项目不确定性高。

（2）工具与技术的关键词：评估、矩阵、分类。

（3）和工具与技术对应，风险登记册更新时添加了风险的评级、分类等。

真题再现

（　　）不属于定性分析的输出。

A. 风险评级和分值

B. 实现项目目标的概率

C. 风险紧迫性

D. 风险分类

【参考答案及解析】B。定性分析的输出主要是风险登记册更新的内容，和定性风险分析的工具与技术（评估、矩阵、分类）对应，风险登记册更新时添加了风险的评级、分类等。A、D 都包含评级、分类的字眼；C 其实就是风险紧迫性评估，属于评级的范畴。而 B 实现项目目标的概率是定量风险分析的输出。

精彩讲解请扫描二维码观看。

概率	威胁					机会				
0.90	0.05	0.09	0.18	0.36	0.72	0.72	0.36	0.18	0.09	0.05
0.70	0.04	0.07	0.14	0.28	0.56	0.56	0.28	0.14	0.07	0.04
0.50	0.30	0.05	0.10	0.20	0.40	0.40	0.20	0.10	0.05	0.30
0.30	0.02	0.03	0.06	0.12	0.24	0.24	0.12	0.06	0.03	0.02
0.10	0.01	0.01	0.20	0.04	0.08	0.08	0.04	0.20	0.01	0.01
影响力	0.05 很低	0.10 低	0.20 中等	0.40 高	0.80 很高	0.80 很高	0.40 高	0.20 中等	0.10 低	0.05 很低

注 风险值（风险系数）＝概率×影响力，比如表中的 0.40＝0.5×0.8。

高频指数 ★★★

速记方法

（1）最左边的列属于概率；最后一行，属于影响力；中间每格的数＝概率×影响力。
（2）注意：风险值＝风险系数＝概率×影响力。

真题再现

某集成企业在进行风险定性分析时，考虑了风险的几种因素：①威胁，指风险对项目造成的危害程度；②机会，指项目带来的收益程度；③风险发生的概率。关于该公司的定性风险分析，下列说法中，（　　）是不正确的。

A. ①×③的值越大，则表明风险高，应考虑优先处理
B. ②×③的值越大，则表明机会大，应考虑优先处理
C. ①×②×③的值越大，则表明风险高、机会大，应考虑优先处理。
D. ②×③的值越小，则表明机会小，可以暂时不考虑

【参考答案及解析】C。①和②都属于影响力，只是不同方向的影响力。不能把两种不同方向的影响力相乘，只能"影响力×概率"。

精彩讲解请扫描二维码观看。

高频核心考点 233：定量分析的重要 ITTO

输入	工具与技术	输出
• 风险管理计划 • 成本管理计划 • 进度管理计划 • 风险登记册 • 事业环境因素 • 组织过程资产	• 数据收集和展示技术 • 定量风险分析和建模技术 • 专家判断	• 项目的概率分析 • 实现成本和时间目标的概率 • 量化风险优先级清单 • 定量风险分析结果的趋势

高频指数 ★★★★★

速记方法

注意：定量风险分析和建模技术隐含敏感性分析、决策树分析、蒙特卡洛仿真分析等。

真题再现

（1）（　　）不属于定量风险分析的技术方法。

A. 决策树分析

B. 概率和影响矩阵

C. 计划评审技术

D. 蒙特卡洛分析

【参考答案及解析】B。概率和影响矩阵是定性风险分析的工具与技术。

（2）（　　）属于定量风险分析的工具和技术。

A. 概率和影响矩阵

B. 风险数据质量评估

C. 风险概率和影响评估

D. 敏感性分析

【参考答案及解析】D。敏感性分析属于定量风险分析工具与技术中的"定量风险分析和建模技术。"A、B、C 都是定性风险分析的工具与技术。

精彩讲解请扫描二维码观看。

高频核心考点234：定量分析重要工具——敏感性分析

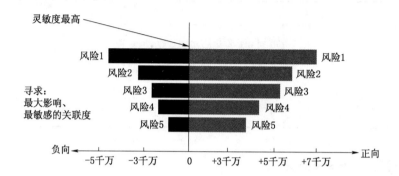

 高频指数 ★★★

速记方法

越往上，敏感度越高，形状像"龙卷风"。

真题再现

关于敏感性分析，不正确的是（　　）。

A. 敏感性分析的典型表现形式是龙卷风图

B. 敏感性分析是属于定量风险分析和建模技术

C. 敏感性分析是定性风险分析的一种技术方法

D. 敏感性分析有助于确定哪些风险对项目具有最大的潜在影响

【参考答案及解析】C。敏感性分析是定量风险分析的工具与技术，而不是定性风险分析的。A、B、D都十分正确。

精彩讲解请扫描二维码观看。

高频核心考点 235：定量分析重要工具——决策树

决策选择	成　本	营　收	利润/亿元	市场好的概率
新建或扩建	新建，1.2 亿元 市场好，2.0 亿元		2.0－1.2＝0.8	60％
	市场差，0.9 亿元		0.9－1.2＝－0.3	
	扩建，0.5 亿元 市场好，1.2 亿元		1.2－0.5＝0.7	60％
	市场差，0.6 亿元		0.6－0.5＝0.1	

高频指数 ★★★★★

速记方法

（1）新建：EMV＝0.8×60％－0.3×40％＝0.36（亿元）。

（2）扩建：EMV＝0.7×60％＋0.1×40％＝0.46（亿元）。

（3）注意：乘以百分比时，是利润的百分比，不是营收的百分比！

真题再现

某项目承包者设计该项目有 0.5 的概率获利 200000 美元，有 0.3 的概率亏损 50000 美元，还有 0.2 的概率维持平衡。该项目的期望值货币的价值为（　　）美元。

A. 20000

B. 85000

C. 50000

D. 180000

【参考答案及解析】B。用决策树计算：$0.5×200000－0.3×50000＝100000－15000＝85000$。注意：0.3 的概率是亏损，意味着利润是负数，所以要减法；0.2 的概率是维持平衡，意味着利润为 0，可以忽略。

精彩讲解请扫描二维码观看。

高频核心考点 236：定量分析重要工具——蒙特卡洛建模

项目总体成本累计图：

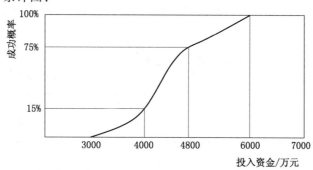

 高频指数 ★★★★★

速记方法

图形显示的是投入的资金和项目成功概率的关系：投入 4800 万元则成功的概率是 75%；投入 6000 万元或以上，则绝对 100% 成功；投入 3000 万元或以下，则绝对失败，此时成功概率为 0。

真题再现

建立一个概率模型或者随机过程，使它的参数等于问题的解，然后通过对模型或过程的观察计算所求参数的统计特征，最后给出所求问题的近似值，解的精度可以用估计值的标准差表示。这种技术称为（　　）方法。

A. 期望货币分析

B. 决策树分析

C. 蒙特卡洛分析

D. 优先顺序图

【参考答案及解析】C。蒙特卡洛建模仿真分析就是基于概率模型或者随机过程的一种方法。

精彩讲解请扫描二维码观看。

高频核心考点 237：定性分析和定量分析的对比

概　　念	定　性　分　析	定　量　分　析
工作内容不同	等级、优先级、概率、影响评估、风险分类	将收益和损失量化，对进度和成本的影响概率也量化
工具与技术不同	影响评估、影响矩阵、紧迫性评估等	三角分布、龙卷风图、决策树、EMV等
单位不同	纯数字（无单位）	资金量（人民币，美元）
共同点	都属于风险管理的过程	

高频指数 ★★★★

速记方法

（1）定性分析和定量分析最大的区别是：定量分析涉及资金（盈利/亏损或预算）。

（2）定性分析的一些关键词包括评估、分类、矩阵等。

真题再现

在进行项目风险定性分析时，可能会涉及（　　　）。

A. 建立概率及影响矩阵

B. 决策树分析

C. 敏感性分析

D. 建模和模拟

【参考答案及解析】A。A有"矩阵"的字眼，属于定性；事实上，决策树分析、敏感性分析、蒙特卡洛建模仿真分析都属于定量分析的工具与技术，也都涉及关于盈利/亏损或预算的资金量的预测或计算，因此都属于定量分析的范畴。

精彩讲解请扫描二维码观看。

高频核心考点 238：规划风险应对的工具

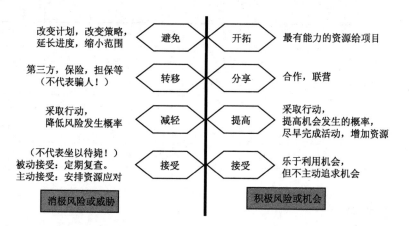

速记方法

根据上图的汇总，通过对比的方式理解。

真题再现

公司任命小李作为项目 A 的项目经理，由于小李不能计划所有不测事件，它设立了一个应急储备，包括处理已知或未知风险的事件，资金或资源。这属于（   ）。

A. 风险回避，用应急储备避免风险的发生

B. 风险接受，用应急储备接受风险的发生

C. 风险转移，因为应急储备使项目成本提高

D. 不当风险规划，因为应识别并虑及所有风险

【参考答案及解析】B。安排资源（应急储备）应对，属于主动接受；如果改变计划和策略，才是属于回避；转移是指转移到第三方。

精彩讲解请扫描二维码观看。

高频核心考点 239：风险应对措施对比

概 念		应急计划	弹回计划	权变措施
不共点	适用过程	实施风险应对	实施风险应对	控制风险
	预见性	事先计划好的	事先计划好的	措手不及的
	处理层级	项目经理 （应急储备资金）	项目经理 （应急储备资金）	管理层 （管理储备资金）
共同点		都是针对风险而采取的		

高频指数 ★★★

速记方法

应急计划和弹回计划都是事先计划好的，并且项目经理就可以处置；动用的是应急储备。

真题再现

某项目发生一个已知风险，尽管团队之前针对该风险做过减轻措施，但是并不成功，接下来项目经理应该通过（　　）控制该风险。

A. 重新进行风险识别　　　　　　　B. 使用管理储备
C. 更新风险管理计划　　　　　　　D. 评估应急储备，并更新风险登记册

【参考答案及解析】D。首先排除 B、C，因为 B、C 有牛刀杀鸡的味道，还远远没到那一步。其次，因为项目经理无权支配管理储备，管理储备一般发起人或投资人才能支配；再次，如果要更新风险管理计划，必须先通过 CCB 走变更流程，不能轻易改变计划和基准。再回到题干，项目团队已经采取减轻的措施了，说明已经采取过应对措施了，应对了而又无效，那么只能再想其他办法继续应对。选项 A 突出的是识别，跟题干的"已知风险"相左；选项 D 是更新风险登记册，而应对风险的输入就包含风险登记册，由此可知，选项 D 更突出的是"应对"，而应对是需要资金预算的，与 D 的评估应急储备相吻合。综上所述，选 D 更符合情景。

精彩讲解请扫描二维码观看。

高频核心考点 240：风险登记册的产生和更新过程

过　　程	风险登记册的内容	性　　质
风险识别	1. 风险事件	原始的内容
	2. 风险原因	
	3. 风险影响	
	4. 潜在应对措施	
定性分析	1. 风险评级	更新/添加之后的
	2. 风险紧迫性	
	3. 风险分类	
定量分析	1. 项目概率分析	更新/添加之后的
	2. 成本时间概率	
	3. 量化风险清单	
	4. 分析结果趋势	
风险应对	1. 责任人及职责	更新/添加之后的
	2. 应对措施	
	3. 预警信号	
	4. 预算和进度	
	5. 弹回计划	
	6. 残余风险	
	7. 次生风险	
风险控制	1. 风险再评估、风险审计审查的结果	更新/添加之后的
	2. 风险应对的实际结果	

高频指数 ★★★★★

速记方法

根据上图的汇总，通过对比的方式理解和记忆。

真题再现

识别风险过程的主要输出就是风险登记册，风险登记册始于识别风险过程，在项目实

263

施中供其他风险管理过程和项目管理使用，风险登记册中的（　　）内容是识别风险过程中产生的。

A. 风险紧迫性或风险　　　　　　B. 已识别的风险清单

C. 应对策略　　　　　　　　　　D. 风险责任人及其职责

【参考答案及解析】B。A 是定性分析之后更新的；C 和 D 都是风险应对之后更新的。

精彩讲解请扫描二维码观看。

高频核心考点 241：风险控制工具与风险控制内容

1. 风险控制的工具与技术

（1）风险再评估。

（2）风险审计。

（3）偏差与趋势分析。

（4）技术的绩效评估。

（5）储备分析。

（6）会议。

2. 风险控制的内容

（1）实施风险应对计划。

（2）跟踪已识别风险。

（3）监督残余风险。

（4）识别新风险。

（5）评估风险管理过程的有效性。

高频指数 ★★★★★

速记方法

特别注意：风险审计的作用是：①评估应对措施的有效性；②评估管理过程的有效性。

真题再现

有关控制风险的描述，不正确的是（   ）。

A. 控制风险时需要参考已经发生的成本

B. 风险分类是控制风险过程所采用的工具和技术

C. 可使用挣值分析法对项目总体绩效进行监控

D. 风险审计是控制风险过程所采用的工具和技术

【参考答案及解析】B。风险分类是定性风险分析所采用的工具和技术。风险控制的工具与技术当中：A体现的是储备分析；C体现的是偏差与趋势分析，且包含技术的绩效评估。

精彩讲解请扫描二维码观看。

第三部分

进度和成本计算的基本概念与
关键要点

高频核心考点242~270

高频核心考点 242：单代号网络图与双代号网络图

1. 单代号网络图

2. 双代号网络图

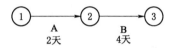

高频指数 ★★★★★

速记方法

（1）单代号网络图的活动在节点上，箭线只表示方向。

（2）双代号网络图的活动在箭线上，节点只表示起点和终点。

真题再现

对以下箭线图，理解正确的是（　　　）。

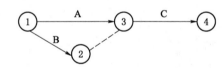

A. 活动 A 和 B 可以同时进行；只有活动 A 和 B 都完成后，活动 C 才开始

B. 活动 A 先于活动 B 进行；只有活动 A 和 B 都完成后，活动 C 才开始

C. 活动 A 和 B 可以同时进行；A 完成后 C 即可开始

D. 活动 A 先于活动 B 进行；A 完成后 C 即可开始

【参考答案及解析】A。箭线图就是双代号网络图。活动 A 和活动 B 是同时进行的，因为它们都同时从节点①起点，因此 B、D 选项错误；活动 A 完成之后，活动 C 还不能开始，图中节点②与节点③之间的虚线表示把活动 B 的结果放到节点③之后，活动 C 才能开始，即活动 A 和活动 B 都完成了，活动 C 才能开始。因此 C 选项错误。

精彩讲解请扫描二维码观看。

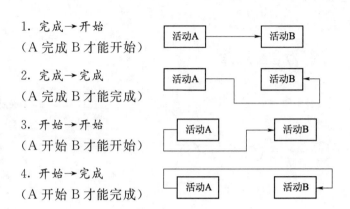

1. 完成→开始
（A 完成 B 才能开始）

2. 完成→完成
（A 完成 B 才能完成）

3. 开始→开始
（A 开始 B 才能开始）

4. 开始→完成
（A 开始 B 才能完成）

高频指数 ★★★★

速记方法

主要看图中箭头的起点和终点，每个活动方框的左端代表开始、右端代表完成。

真题再现

前导图法可以描述四种关键活动类型的依赖关系。对于接班同事 A 到岗，交班同事 B 才可以下班的交接班过程，可以用（　　）描述。

A. 完成→开始

B. 完成→完成

C. 开始→开始

D. 开始→完成

【参考答案及解析】D。同事 A 到岗＝同事 A "开始"上班；同事 B 下班＝同事 B "完成"了班。

精彩讲解请扫描二维码观看。

高频核心考点 244：活动之间的依赖关系（二）

（1）强制性依赖关系：法律或合同的要求。

（2）选择性依赖关系：根据项目要求具体问题具体选择。

（3）外部依赖关系：项目团队不能控制。

（4）内部依赖关系：项目团队可以控制。

高频指数

速记方法

（1）强制性依赖和选择性依赖是相对应的；外部依赖和内部依赖也是相对应的。

（2）不管外部依赖还是内部依赖，依然可以分别再细分强制性依赖和选择性依赖。

真题再现

某软件项目已经到了测试阶段，但是由于用户订购的硬件设备没有到货而不能实施测试。这种测试活动与硬件之间的依赖关系属于（　　）。

A. 强制性依赖关系

B. 直接依赖关系

C. 内部依赖关系

D. 外部依赖关系

【参考答案及解析】D。设备没有到货而不能实施测试，这种情况，项目团队是不能控制的。

精彩讲解请扫描二维码观看。

高频核心考点 245：虚活动的实质意义

图中①③节点和②③节点之间带箭头的虚线就是虚活动。图中有 12 个活动和 2 个虚活动。

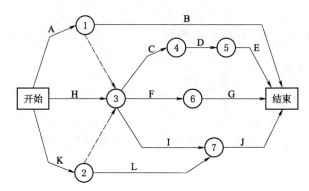

速记方法

（1）①③节点之间的虚活动表示把活动 A 的结果汇总到节点③；②③节点之间的虚活动也同理。

（2）意味着：活动 A、H、K 都完成了（都把结果汇总到节点③），活动 C、F、I 才能开始。

（3）虚活动不占用资源，也不占用时间；虚活动只表达活动之间的逻辑关系。

（4）双代号网络图的两个节点之间只能有一条箭线，虚活动就是在这样的前提下诞生的。

真题再现

关于箭线图的描述，不正确的是（   ）。

A. 流入同节点的活动，均有共同的紧后活动

B. 任两项活动的紧前事件和紧后事件代号至少有一个不同

C. 每一个活动和每一个事件都必须有唯一代号

D. 虚活动主要用于表达活动之间的关系，消耗一定的资源和时间

【参考答案及解析】D。虚活动不占用资源，也不占用时间，只表达活动之间的逻辑关系。

精彩讲解请扫描二维码观看。

高频核心考点 246：三点估算（贝塔分布）

三点估算（贝塔分布）的例子。

铺设一段电缆：

最乐观的时间是 7 小时。

最可能的时间是 10 小时。

最悲观的时间是 19 小时。

求：铺设这段电缆持续时间的 PERT 估算值。（PERT 估算指的是三点估算的贝塔分布）

答：持续时间的 PERT 估算值＝(7＋4×10＋19)÷6＝11(小时)

标准差＝(19－7)÷6＝2(小时)

高频指数 ★★★★

速记方法

记住公式：PERT 估算值＝(最小值＋中间值×4＋最大值)÷6。

且特别注意：中间值乘以 4，最后除以 6。

（公式是根据满足正态分布的概率密度函数，用定积分的方法推导出来的，这里我们不用管推导的过程，只需记住结论公式即可！）

真题再现

某公司的项目即将开始，项目经理估计该项目 10 天即可完成，如果出现问题耽搁了也不会超过 20 天完成，最快 6 天即可完成。根据项目历时估计中的三点估算法，你认为该项目的历时为（　　　）。

A. 10 天

B. 11 天

C. 12 天

D. 13 天

【参考答案及解析】B。(6＋4×10＋20)÷6＝66÷6＝11(天)。

精彩讲解请扫描二维码观看。

高频核心考点 247：关键路径和总工期

例子如图，单位：天。

共有 3 条路径，时长分别是：

路径 ABF 的时长＝3＋6＝9（天）。

路径 ACF 的时长＝2＋4＝6（天）。

路径 ADF 的时长＝2＋3＝5（天）。

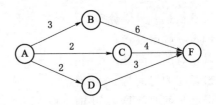

其中，关键路径是：ABF；对应的总工期是 9 天。

高频指数 ★★★★★

速记方法

（1）关键路径：时间最长的路径。（注：是时间最长，而不是活动最多，更不是形状最长）

（2）总工期＝关键路径的时长。

真题再现

下图为某项目规划的进度网络图（单位：周），在实际实施过程中，活动 B—E 比计划延迟了 2 周，活动 J—K 比计划提前了 3 周，则该项目的关键路径是（   ），总工期是（   ）周。

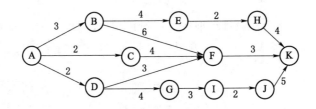

A. A—D—G—I—J—K 　　　　　　　B. A—B—F—K

C. A—B—E—H—K 　　　　　　　　D. A—D—F—K

E. 15 　　　　　　F. 14 　　　　　　G. 13 　　　　　　　　H. 12

【参考答案及解析】C、E。速算：对 4 个选项的路径分别计算，取最大值。

精彩讲解请扫描二维码观看。

高频核心考点 248：何谓最短工期

例子：活动 A、B、C 是相互独立的，工作时间分别为 2、3、4，单位为天。
项目经理制订了如下 4 种方案的进度计划：

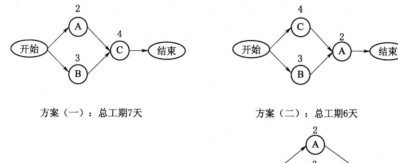

方案（一）：总工期7天　　　　　　　　方案（二）：总工期6天

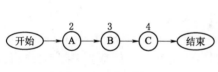　　　　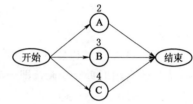

方案（三）：总工期9天　　　　　　　　方案（四）：总工期4天

其中，最短工期是 4 天。

高频指数　★★★

速记方法

最短工期是指所有方案当中，总工期最短的方案的工期！

真题再现

某系统模块 A 和模块 B 的开发是互相独立的，且只有当模块 A、B 都完成之后，才能进行模块 C 的集成。模块 A、B、C 的工期分别是 10 天、12 天、3 天。请问，该系统集成的最短工期是（　　）天。

A. 25　　　　　　B. 13　　　　　　C. 15　　　　　　D. 22

【参考答案及解析】C。同时做模块 A、B，再做模块 C。

精彩讲解请扫描二维码观看。

高频核心考点 249：自由时差和总时差的区别

（1）某个活动的自由时差＝在不影响后面任何活动的前提下，它能休息的时长。
（2）某个活动的总时差＝在不影响总工期的前提下，它能休息的时长。
（3）某个活动的总时差＝总工期－该活动所在最长路径的时长。
（4）关键路径上的活动，自由时差和总时差都为 0。
例子如下图，单位：天。

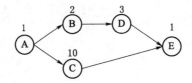

问：活动 B 的自由时差和总时差分别是多少天？
答：活动 B 的自由时差＝0 天；即，活动 B 不能休息，否则影响 D 的正常执行。
总时差＝12－（1＋2＋3＋1）＝5（天）；即，活动 B 可以休息 5 天而不影响总工期。

高频指数 ★★★★★

速记方法

自由时差针对紧后活动，总时差针对总工期。

真题再现

下图中，活动 D 的自由时差是（   ），总时差是（   ）。

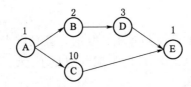

【答】D 的自由时差＝不影响 D 后续任何活动的情况下，D 能休息多久＝10－（2＋3）＝5（天）。

D 的总时差＝总工期减去 D 所在的最长路径的工期＝12－（1＋2＋3＋1）＝5（天）。

精彩讲解请扫描二维码观看。

如图的普通单代号网络图，只能得到两个信息，即：活动的名称是 A，工期是 5 天。除此之外的其他信息，如活动 A 哪天开始？哪天结束？最早可以哪天开始？最晚必须哪天结束？通通不知道。

为了获取活动 A 的更多信息，把 A 划分为 7 个区域，每个区域代表不同的意义，如下图，这就是七格图。

最早开始时间	5	最早结束时间
A		
最晚开始时间	总时差	最晚结束时间

七格图除了可以很直观地反映活动最早开始、最早结束时间和最晚开始、最晚结束时间之外，它还有两个实用功能：一是可以直接获取总时差；二是便于计算自由时差。

例子，把下图的普通单代号网络图

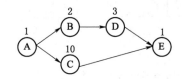

转成七格图，如下：

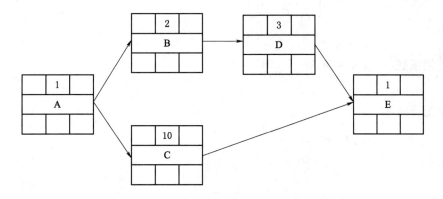

再把最早开始、最早结束时间以及由此倒推而来的最晚开始、最晚结束时间和总时差填进去，如图：

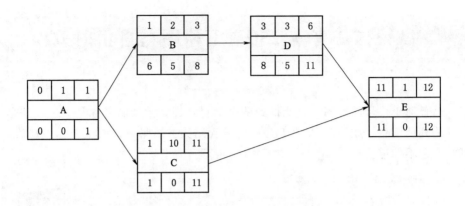

接着，可以通过七格图计算活动 B 和活动 D 的自由时差。

　　B 的自由时差＝不影响 B 的后续活动（D）的情况下，B 能休息多久

　　　　　　　＝D 的最早开始时间－B 的最早结束时间

　　　　　　　＝3－3＝0（天）（如下图中的虚线圆圈）

　　D 的自由时差＝不影响 D 的后续活动（E）的情况下，D 能休息多久

　　　　　　　＝E 的最早开始时间－D 的最早结束时间

　　　　　　　＝11－6＝5（天）（如下图中的虚线三角形）

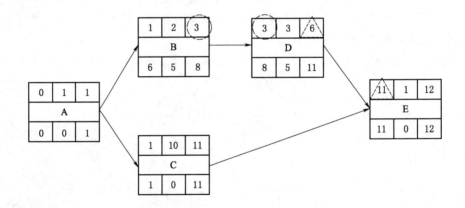

高频指数 ★★★★★

速记方法

关于七格图，有如下口诀：

（1）推导：先上后下，上顺下逆（先全部推导上层、后推导下层，上层顺推、下层逆推）。

（2）自由时差：上层相邻后减前（后面活动的最早开始时间减自己的最早结束时间）。

（3）总时差：下减上（下层的最晚开始或结束时间减上层对应的最早开始或结束时间）。

某项目的网络图如下，活动 D 的自由浮动时间为（　　　）。

A. 0 天 　　　　　　B. 1 天 　　　　　　C. 2 天 　　　　　　D. 3 天

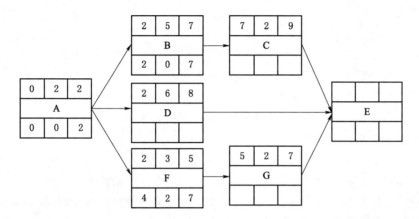

【参考答案及解析】9－8＝1（天）。如下图所示，上层相邻后减前（后面活动的最早开始时间减自己的最早结束时间）

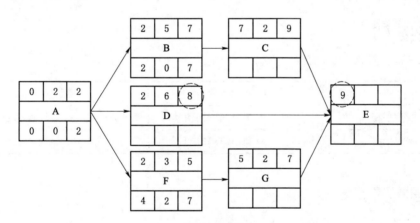

精彩讲解请扫描二维码观看。

高频核心考点 251：资源平衡与资源平滑的区别

资源平衡与资源平滑同属资源优化技术，是制订进度计划和控制进度的重要工具与技术。资源优化技术是根据资源供需情况来调整进度模型的技术，包括（但不限于）：

（1）资源平衡（Resource Leveling）。为了在资源需求与资源供给之间取得平衡，根据资源制约对开始日期和结束日期进行调整的一种技术。如果共享资源或关键资源只在特定时间可用，数量有限，或被过度分配，如一个资源在同一时段内被分配至两个或多个活动，就需要进行资源平衡。也可以为保持资源使用量处于均衡水平而进行资源平衡。资源平衡往往导致关键路径的改变，通常是延长。

（2）资源平滑（Resource Smoothing）。对进度模型中的活动进行调整，从而使项目资源需求不超过预定的资源限制的一种技术。相对于资源平衡而言，资源平滑不会改变项目关键路径，完工日期也不会延迟。也就是说，活动只在其自由浮动时间和总浮动时间内延迟。因此，资源平滑技术可能无法实现所有资源的优化。

高频指数 ★★★

速记方法

通过下表的汇总，对比理解记忆。

资 源 优 化 技 术	含 义 和 特 点	后　果
资源平衡	同一资源分到不同活动	关键路径改变（通常会延长）
资源平滑	充分利用浮动时间	完工日期通常不会延迟

真题再现

（　　）不是常用的缩短项目工期的方法。

A. 使用高素质的资源或经验更丰富的人员

B. 改进方法和技术以提高工作效率

C. 采用资源平滑技术，使项目资源需求不超过预定的资源限制

D. 采用快速跟进技术，将顺序进行的活动改为部分并行

【参考答案及解析】C。资源平滑一般不改变关键路径，完工日期通常不会延迟，但不意味着一定可以缩短工期，资源平滑技术不是缩短工期的工具范畴。

精彩讲解请扫描二维码观看。

高频核心考点 252：活动清单

活动清单和里程碑清单是定义活动的重要输出。其中，里程碑清单是活动清单的一部分，是活动清单中具有重要标志的活动或事件，里程碑不占用时间。

活动清单的内容：

（1）包含项目所需的全部活动（含活动标识、活动名称）。

（2）使得项目成员知道需要该干什么工作（工作内容、目标、结果、负责人、日期）

高频指数 ★★★

速记方法

用下表记忆：

活动标识	活动名称	工作内容	目标	结果	负责人	日期
001						
002						
003						

真题再现

规划项目进度管理是为实施项目进度管理制定政策、程序，并形成文档化的项目进度管理计划的过程，（　　）不属于规划项目进度管理的输入。

A. 项目章程

B. 范围基准

C. 里程碑清单

D. 组织文化

【参考答案及解析】C。里程碑清单来自活动清单，活动清单和里程碑清单是定义活动过程的重要输出；而规划进度管理过程是排在定义活动过程之前的。

精彩讲解请扫描二维码观看。

高频核心考点 253：制订进度计划的工具与技术

制订进度计划的工具与技术包括：

（1）进度网络分析。

1）关键路径法。

2）关键链法（最早开始原则，砍掉自由浮动时间，在路径末再集中设置缓冲）。

3）资源优化技术（资源平衡，影响关键路径；资源平滑，不影响关键路径，利用浮动时间）。

（2）建模技术（假设情景或蒙特卡洛数学模型进行模拟）。

（3）提前量和滞后量。

（4）进度压缩（赶工和快速跟进等）。

（5）进度计划编制工具（如 Project 软件等）。

高频指数 ★★★★

速记方法

注意：关键路径法、关键链法、资源优化技术同属于进度网络分析。

真题再现

（   ）不属于编制进度计划所采用的工具与技术。

A. 进度网络分析

B. 确定依赖关系

C. 进度压缩

D. 资源平衡

【参考答案及解析】B。编制进度计划过程所采用的工具与技术包括进度网络分析、关键路径法、关键链法、资源优化技术、建模技术、提前量和滞后量、进度压缩、进度计划编制工具等；而确定依赖关系是排列活动顺序过程的工具与技术。先排列活动顺序，再编制进度计划。

精彩讲解请扫描二维码观看。

高频核心考点 254：控制进度的重要 ITTO

控制进度的工具与技术包括：

（1）基本技术。

1）绩效审查（趋势分析、关键路径法、关键链法、挣值管理）。

2）项目管理软件。

3）资源优化技术（资源平衡影响关键路径；资源平滑不影响关键路径，利用浮动时间）。

（2）建模技术（假设情景或用蒙特卡洛数学模型进行模拟）。

（3）提前量和滞后量。

（4）进度压缩（赶工和快速跟进等）。

（5）进度计划编制工具（如 Project 软件等）。

控制进度的输入输出对比：

（1）输入：项目管理计划、项目进度计划、进度数据、项目日历、工作绩效数据、组织过程资产。

（2）输出：管理计划更新、项目文件更新、进度预测、变更请求、工作绩效信息、过程资产更新。

高频指数 ★★★★

速记方法

（1）制订进度计划和控制进度的工具与技术大体相同，只是后者多了挣值管理等。

（2）控制进度的输入输出基本上是一一对应的关系。

真题再现

关于项目控制进度过程，不正确的是（　　）。

A. 有效项目进度控制的关键是严格按照制定的项目进度计划执行，避免项目偏离计划

B. 当项目的实际进度滞后于进度计划时，可以通过赶工、投入更多资源或增加时间来缩短工期

C. 项目控制进度的工具与技术有关键路径法、趋势分析法

D. 项目控制进度旨在发现计划偏离并及时采取纠正措施，以降低风险

【参考答案及解析】A。进度控制是在执行过程组执行动作之后的过程，无法完全做到严格按照制定的项目进度计划执行，更无法避免项目偏离计划。进度控制的目标是控制进度趋势。

精彩讲解请扫描二维码观看。

高频核心考点 255：缩短工期的方法

缩短工期主要有以下方法：
(1) 赶工，投入更多的资源或增加工作时间，以缩短关键活动的工期。
(2) 快速跟进，并行施工，以缩短关键路径的长度。
(3) 使用高素质的资源或经验更丰富的人员。
(4) 减小活动范围或降低活动要求。
(5) 改进方法或技术，以提高生产效率。
(6) 加强质量管理，及时发现问题，减少返工，从而缩短工期。

高频指数 ★★★★★

速记方法

(1) 口诀：赶快使减改加（原来是减法，现在为了赶进度，把减法变成加法）。
(2) 注意赶工和快速跟进的区别：赶工→增加资源；快速跟进→并行施工。

真题再现

(1) (案例题) 简述项目经理缩短工期是主要方法。

【答】赶工、快速跟进、使用经验丰富的人员、减少范围、改进方法、加强管理。

(2) 在项目进度管理中，对项目进度压缩是一种常用的方法，其中将正常情况下按照顺序进行的活动或阶段改为至少是部分并行开展的技术称为（　　）。

A. 赶工

B. 快速跟进

C. 资源优化

D. 提前量和滞后量

【参考答案及解析】B。快速跟进的特征就是并行施工；而赶工的特征就是通过增加资源来压缩进度工期。

精彩讲解请扫描二维码观看。

高频核心考点 256：成本计算的基本公式（一）

SV	进度偏差	SV＝EV－PV	负数落后，正数超前
SPI	进度绩效指数	SPI＝EV/PV	小于 1 落后，大于 1 超前
CV	成本偏差	CV＝EV－AC	负数超支，正数节省
CPI	成本绩效指数	CPI＝EV/AC	小于 1 超支，大于 1 节省

例子：打算花 8 天的时间铺设 800 米的电缆，完工预算为 8000 元。

目前已经铺设了 4 天，按计划，理应铺了 400 米，花了 4000 元。

可实际上，虽然铺了 4 天，但只铺了 200 米，却花了 6000 元。

BAC＝8000 元（完工预算）

AC＝6000 元（第 4 天检测时的实际花销）

PV＝4000 元（第 4 天检测时计划完成工作的价值，用"元"表示，而不是用"米"）

EV＝2000 元（第 4 天检测时实际完成工作的计划价值，用"元"表示，而不是用"米"）

SV＝2000－4000＝－2000（元）

SPI＝2000/4000＝0.5

CV＝2000－6000＝－4000（元）

CPI＝2000/6000＝0.333

高频指数 ★★★★★

速记方法

（1）基本公式都是用 EV 减去或者除以，即以 EV 开头。

（2）凡是负数或者小于 1，都是不好的。

真题再现

某项目当前的 PV＝150、AC＝120、EV＝140，则项目的绩效情况是（　　）。

A. 进度超前，成本节约　　　　　　B. 进度滞后，成本超支

C. 进度超前，成本超支　　　　　　D. 进度滞后，成本节约

【参考答案及解析】D。SPI＝EV/PV＝140/150＜1，则进度落后；CPI＝EV/AC＝140/120＞1，则成本节约。

精彩讲解请扫描二维码观看。

高频核心考点 257：成本计算的基本公式（二）

例子：打算花 8 天的时间铺设 800 米的电缆，完工预算为 8000 元。

目前已经铺设了 4 天，按计划，理应：铺了 400 米，花了 4000 元。

可实际上，虽然铺了 4 天，但只铺了 200 米，却花了 6000 元。

如果按照目前的速度和花销继续干（这是典型情况），问：

(1) 干完还要花多少资金？[完工尚需估算：ETC＝(BAC－EV)/CPI]

(2) 干完总共要花多少资金？（完工估算：EAC＝ETC＋AC）

如果从第 5 天开始，按照原计划的工作速度和花销速度继续干（这是非典型情况），问：

(1) 干完还要花多少资金？（完工尚需估算：ETC＝BAC－EV）

(2) 干完总共要花多少资金？（完工估算：EAC＝ETC＋AC）

高频指数　★★★★★

速记方法

情　　景	在检测时间点之后，一直按照检测时间点之前的速度	在检测时间点之后，按照原计划
定　　义	典型	非典型
特　　点	没有改善	有改善
ETC（完工尚需估算）	ETC＝(BAC－EV)/CPI	ETC＝BAC－EV
EAC（完工估算）	EAC＝ETC＋AC	

(1) 典型＋没有改善＝6 个字。

(2) 非典型＋有改善＝6 个字。

(3) 典型公式长，非典公式短。

真题再现

(1) 根据以下布线计划及完成进度表，在 2010 年 6 月 2 日完工后对工程进度和费用进行预测，按此进度，完成尚需估算（ETC）为（　　）。

	计划开始时间	计划结束时间	计划费用	实际开始时间	实际结束时间	实际完成费
1号区	2010年6月1日	2010年6月1日	10000元	2010年6月1日	2010年6月2日	18000元
2号区	2010年6月2日	2010年6月2日	10000元			
3号区	2010年6月3日	2010年6月3日	10000元			

A. 18000元 　　　　 B. 36000元 　　　　 C. 20000元 　　　　 D. 54000元

【参考答案及解析】B。与时间无关：原来10000元的，实际花销18000元；剩下的20000元，则 $18000 \times 2 = 36000$（元）。

（2）下表给出了某信息化建设项目到2019年8月1日为止的成本执行（绩效）数据，如果当前的成本偏差是非典型的，则完工估算（EAC）为（　　）元。

活动名称	预计完成百分比/%	实际完成百分比/%	活动PV/元	实际AC/元
A	100	100	2000	2000
B	100	100	1600	1800
C	100	100	2500	2800
D	100	80	1500	1600
E	100	75	2000	1800
F	100	60	2500	2200
合计			12100	12200
BAC：50000				
报告日期：2019年8月1日				

A. 59238 　　　　 B. 51900 　　　　 C. 50100 　　　　 D. 48100

【参考答案及解析】B。易知，EV = 10300元，则 EAC = BAC − EV + AC = 5000 − 10300 + 12200 = 51900（元）。

精彩讲解请扫描二维码观看。

在考试当中的计算题部分，EV 是一个非常关键的参数。因为，在正常情况下，考生即使把计算的基本公式都记得滚瓜烂熟了，也不代表就一定能做得对。

SV	进度偏差	SV＝EV－PV	负数落后，正数超前
SPI	进度绩效指数	SPI＝EV/PV	小于 1 落后，大于 1 超前
CV	成本偏差	CV＝EV－AC	负数超支，正数节省
CPI	成本绩效指数	CPI＝EV/AC	小于 1 超支，大于 1 节省

由上表的基本公式可知：一旦 EV 错了，那么会导致后续的计算全错。所以找准 EV 非常重要！

而 EV 在题干当中往往是有很多关键特征的，这些特征就是如下字眼："实际做了""实际进度""完成了""实际完成""检查发现""审查发现""中期检查""进度统计发现"等。

以一个例子说明问题，见下表：

活动	1月/元	2月/元	3月/元	4月/元	5月/元	6月/元	活动 PV/元	活动 EV/元
编制计划	4000	4000					8000	
需求调研		6000	6000				12000	
概要设计			4000	4000			8000	
数据设计				8000	4000		12000	
详细设计					8000	2000	10000	
月度 PV	4000	10000	10000	12000	12000	2000		
月度 AC	4000	11000	11000					

在 3 月底中期检查时，如果：

（1）概要设计完成了原计划的 40%，问：此时 EV＝？

（2）概要设计完成了 40%，问：此时 EV＝？

（3）原计划完成了 98%，问：此时 EV＝？

解答：（1）EV＝4000＋10000＋6000＋4000×40%＝21600（元）。

（2）EV＝4000＋10000＋6000＋8000×40%＝23200（元）。

（3）EV＝（4000＋10000＋6000＋4000）×98%＝23520（元）。

高频指数 ★★★★★

注意：EV 是原计划的百分比，还是整个活动的百分比，或者是所有活动总和的百分比。

真题再现

（1）各活动信息见下表（单位：万元），第 3 月末完成了计划进度的 90%，问：EV＝？

序号	活动名称	第 1 月	第 2 月	第 3 月	第 4 月	第 5 月	第 6 月	PV 值
1	编制计划	4	4					8
2	需求调研		6	6				12
3	概要设计			4	4			8
4	数据设计				8	4		12
5	详细设计					8	2	10
	月度 PV	4	10	10	12	12	2	
	月度 AC	4	11	11				

（2）各工作包信息见下表，问：第 3 月末的 EV＝？

工作包	预算/万元	预算按月分配/万元					实际完成/%
		第 1 月	第 2 月	第 3 月	第 4 月	第 5 月	
A	12	6	6				100
B	8	2	3	3			100
C	20		6	10	4		100
D	10	2	6		4		75
E	3		1				75
F	40			20	15	5	50
G	3					3	50
H	3				2	1	50
I	2				1	1	25
H	4				2	2	25

【参考答案】（1）EV＝（4＋10＋10）×90%＝21.6（万元）。

（2）EV＝12＋8＋20＋7.5＋2.25＋20＋1.5＋1.5＋0.5＋1＝74.25（万元）。

精彩讲解请扫描二维码观看。

高频核心考点 259：如何看图

进度偏差公式：$SV = EV - PV$；成本偏差公式：$CV = EV - AC$。这两个公式，相信考生都能记住。如果题目以文字的形式出现，只要找准了 EV，很多考生也能做对。但是，很多时候，题目并不是以文字的形式出现，而是以图形的方式出现。需要考生在能看懂图形的前提下，把相关的参数找出来。进度偏差 SV 和成本偏差 CV 涉及 3 个参数，即 EV、PV、AC。相应地，在图形当中，这 3 个参数对应 3 条曲线。

高频指数 ★★★★

速记方法

注意：检测的时间点；3 条曲线的位置关系。

真题再现

挣值管理是一种综合了范围、时间、成本绩效测量的方法，通过与计划完成的工作量、实际挣得的收益、实际的成本进行比较，可以确定成本进度是否按计划执行。下图中标号所标示的区间依次应填写（　　）。

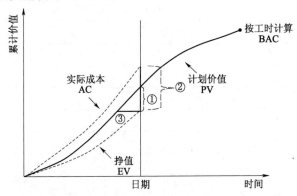

A. ①进度落后　②成本差 CV　③进度差 SV
B. ①成本差 CV　②进度差 SV　③进度落后时间
C. ①进度差 SV　②成本差 CV　③进度落后时间
D. ①进度落后　②进度差 SV　③成本差 CV

【参考答案及解析】C。①进度差 $SV = EV - PV$；②成本差 $= EV - AC$；③进度落后时间（横着的是时间）。

精彩讲解请扫描二维码观看。

高频核心考点 260：成本的类型

成本的类型包括：

（1）可变成本。随着生产量、工作量或时间而变的成本为可变成本。可变成本又称为变动成本。

（2）固定成本。不随生产量、工作量或时间的变化而变化的非重复成本为固定成本。

（3）直接成本。直接可以归属于项目工作的成本为直接成本，如项目团队差旅费、工资、项目使用的物料及设备使用费等。

（4）间接成本。来自一般管理费用科目或几个项目共同担负的项目成本所分摊给本项目的费用，就形成了项目的间接成本，如税金、额外福利和保卫费用等。

（5）机会成本。利用一定的时间或资源生产一种商品时，失去的利用这些资源生产其他最佳替代品的机会就是机会成本，泛指一切在做出选择后其中一个最大的损失。

（6）沉没成本。由于过去的决策已经发生了的，而不能由现在或将来的任何决策改变的成本为沉没成本。沉没成本是一种历史成本，对现有决策而言是不可控成本，会在很大程度上影响人们的行为方式与决策，在投资决策时应排除沉没成本的干扰。

高频指数 ★★★★★

速记方法

重点注意直接成本和间接成本都有哪些常见类型。

（1）直接成本：差旅费、工资、物料及设备使用费。

（2）间接成本：税金、额外福利、保卫费用。

真题再现

关于成本类型的描述，不正确的是（　　）。

A. 项目团队差旅费、工资、税金、物料及设备使用费为直接成本

B. 随着生产量、工作量和时间而变的成本，称之为变动成本

C. 利用资源生产一种产品时，便失去了使用这种资源生产其他最佳产品的机会，称为机会成本

D. 沉没成本是一种历史成本，对现有决策而言是不可控成本

【参考答案及解析】A。税金属于间接成本。注：直接成本和间接成本的常见类型一定要记住。

精彩讲解请扫描二维码观看。

高频核心考点 261：成本估算和成本预算的区别

不同点	成 本 估 算	成 本 预 算
本质不同	跟进度无关（总共花销多少资金）	跟进度结合（什么时候花销多少资金）
输出不同	一个数据（活动成本估算）	一条曲线（成本基准）
目的不同	用于：成本估算	用于：成本控制
参与层级不同	项目团队就可以做	需要管理层参与
步骤不同	①识别成本构成科目； ②估算每科目成本大小； ③优化科目之间成本比例、汇总	①成本分到工作包； ②再分到活动上； ③确定支出时间计划，形成成本预算计划

高频指数

速记方法

注意：成本预算跟时间进度计划相关，是一条曲线。

真题再现

项目经理在制定项目成本预算时采取以下步骤：①估算项目的总成本；②将项目的总成本分解到 WBS 工作包；③将各个工作包成本再分解到相关活动；④公司对预算草案进行审批。围绕该步骤，下列说法中，（　　）是正确的。

A. 项目经理不应该将各个工作包成本再分解到相关活动

B. 项目经理采用自上而下分解成本的方法是不对的，应该直接对工作包进行估算

C. 该流程中缺乏成本预算支出的时间计划

D. 预算由项目经理批准即可，不必公司批准

【参考答案及解析】C。成本预算是跟时间进度计划紧密相关的，即什么时候花销多少资金。

精彩讲解请扫描二维码观看。

高频核心考点 262：控制账户

在制作分解结构的过程中，把每个工作包分配给一个对应的控制账户，并根据"账户编码"为工作包建立唯一标识，这些标识为进行成本、进度与资源信息的层级汇总提供了层级结构。控制账户是一个管理控制点。在该控制点上，把范围、预算、实际成本和进度加以整合，并与挣值相比较，以测量绩效。控制账户设置在 WBS 中选定的管理节点上。每个控制账户可能包括一个或多个工作包，但是一个工作包只能属于一个控制账户。需要生成一些配套的文件，这些文件需要和工作分解结构配合使用，称为工作分解结构词典，它包括工作分解结构组成部分的详细内容、账户编码、工作说明、负责人、进度里程碑清单等，还可能包括合同信息、质量要求、技术文献、计划活动、资源和成本估计等。

高频指数 ★★★★

速记方法

注意：每个控制账户可能包括一个或多个工作包，但是一个工作包只能属于一个控制账户。

口诀：每个爸爸可能有一个或多个儿子，但是一个儿子只能属于一个爸爸。控制账户＝爸爸。

真题再现

关于工作分解结构（WBS）和工作包的描述，不正确的是（　　　）。

A. 工作分解结构必须组只能包括 100％的项目工作

B. 工作分解结构的各要素应该相对独立，尽量减少相互交叉

C. 如果某个可交付成果规模较小、可以在短时间（80 小时）完成，就可以被当作工作包

D. 每个工作包只能属一个控制账户，每个控制账户只能包含一个工作包

【参考答案及解析】D。每个工作包只能属一个控制账户，这个很正确；但是每个控制账户可能包括一个或多个工作包，而不是只能包含一个工作包。

精彩讲解请扫描二维码观看。

高频核心考点 263：成本估算的工具与技术

成本估算的工具与技术包括：

（1）专家判断。

（2）类比估算：以过去类似的项目为参考（成本低，耗时低，准确性也低）。

（3）参数估算：利用历史数据的统计和其他参数或变量。

（4）自下而上估算：从底层工作包和活动进行具体细致估算，向上汇总或滚动到更高层次。

（5）三点估算。

（6）储备分析（含应急储备和管理储备）。

（7）质量成本。

（8）项目管理软件。

（9）卖方投标分析：针对卖方的投标情况。

（10）群体决策技术（含德尔菲技术）。

高频指数 ★★★★★

速记方法

重点注意：类比估算、参数估算、自下而上的估算。

真题再现

关于成本估算相关技术的描述，正确的是（　　）。

A. 参数估算中会使用到历史数据，因此比类比估算的准确率要高

B. 参数估算适合在项目的早期阶段详细信息不足时采用

C. 类比估算通常成本较高、耗时较多

D. 类比估算既可以针对整个项目，也可以针对项目中的某个部分

【参考答案及解析】参数估算的准确率取决于模型的成熟度和数据的可靠性，因此 A 错误；在项目的早期阶段详细信息不足，意味着参数不足，因此 B 错误；类比估算通常成本较低、耗时较少，因此 C 错误；类比估算既可以针对整个项目，也可以针对项目中的某个部分，D 正确。

精彩讲解请扫描二维码观看。

高频核心考点 264：成本预算的输出

成本预算有两个重要输出，分别是：

（1）成本基准：经过批准的，按时间段分配的项目预算。

（2）项目资金需求：含总需求和阶段需求；含支出和债务；非连续方式投入资金。

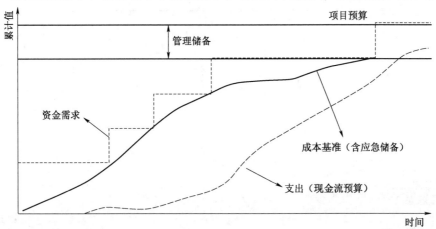

速记方法

注意三点：

（1）无论是成本基准还是项目资金需求，都是随时间的累计值。

（2）成本基准在图形上是一条曲线。

（3）项目资金需求在图形上是呈现阶梯状的。

真题再现

成本基准是对项目进行成本管控的重要措施，成本基准是指按时间分段的项目
（　　）。

A. 成本估算　　　　B. 成本预算　　　　C. 实际成本　　　　D. 隐形成本

【参考答案及解析】B。成本基准是成本预算的输出之一，是指按时间分段的项目成本预算。

精彩讲解请扫描二维码观看。

高频核心考点 265：应急储备与管理储备的区别

成本基准＝完工预算＝BAC＝控制账户（的总和）；项目预算＝BAC＋管理储备。

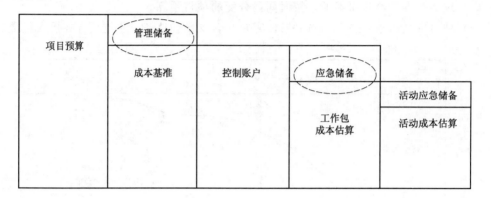

高频指数 ★★★★★

速记方法

注意三点：

（1）成本基准包含应急储备，不包含管理储备。

（2）应急储备用于应对已知风险；管理储备用于应对未知风险。

（3）应急储备项目团队或项目经理就可以支配；管理储备需要高层级审批才能支配。

真题再现

关于成本的描述，正确的是（　　）。

A．在投资决策时应避免受到沉没成本的干扰

B．项目团队差旅费、工资、物料费属于间接成本

C．管理储备是用于应对已识别风险

D．管理储备是包含在成本基准内的一部分预算

【参考答案及解析】A。项目团队差旅费、工资、物料费属于直接成本；管理储备用于应对未知风险，应急储备才用于应对已知风险；管理储备不包含在成本基准内。

精彩讲解请扫描二维码观看。

高频核心考点 266：成本控制的工具与技术

成本控制的工具与技术包括：

（1）绩效审查：偏差分析，趋势分析，挣值绩效。

（2）项目管理软件。

（3）储备分析。

（4）挣值管理：挣值 EV 和各种偏差与指数。

（5）预测（对典型和非典型的完工尚需估算 ETC 的预测）。

（6）完工尚需绩效指数（剩余工作量除以剩余资金）。

高频指数 ★★★

速记方法

（1）抓住几个关键词：挣值、偏差、分析、趋势、纠正（控制组的特征：对比、纠正）。

（2）成本控制的工具与技术等同于成本控制的内容。

真题再现

项目成本控制是指（　　）。

A. 对成本费用的趋势及可能达到的水平所作的分析和推断

B. 预先规定计划期内项目施工的耗费和成本要达到的水平

C. 确定各个成本项与计划值相比的差额和变化率

D. 在项目施工过程中，对形成成本的要素进行监督、调节和控制

【参考答案及解析】D。成本控制属于控制过程组，而控制组的特征是：对比、纠正。A 只有"对比"没有"纠正"；D 的"监督"和"调节"显示出了"对比"和"纠正"的动作；B 是成本预算的输出；C 是成本估算的输出。

精彩讲解请扫描二维码观看。

高频核心考点 267：从表格到单代号网络图和七格图

计算题的题干中往往给出一个表格，然后让考生计算。可是表格的直观性不强，需要把表格"翻译"成普通的单代号网络图或者七格图。

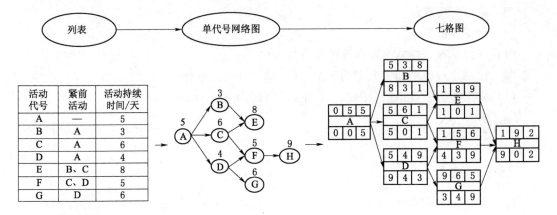

高频指数 ★★★★★

速记方法

注意：表格是"紧前"还是"紧后"；工作包或活动的字母顺序；画完图一定要检查。

真题再现

某项目的建设方要求必须按合同规定的期限交付系统，承建方项目经理李某决定严格执行项目进度管理，以保证项目按期完成。他决定使用关键路径法来编制项目进度网络图。在对工作分解结构进行认真分析后，李某得到一张包含了活动先后关系和每项活动持续时间初步估计的工作列表，见下表：

活 动 代 号	紧 前 活 动	活动持续时间/天
A	—	5
B	A	3
C	A	6
D	A	4
E	B、C	8
F	C、D	5
G	D	6
H	E、F、G	9

【问题1】绘制网络图（普通单代号网络图）并求出关键路径和项目工期。

【问题2】（绘制七格图）计算：

（1）计算活动 B、C、D 的总浮动时间。

（2）计算活动 B、C、D 的自由浮动时间。

（3）计算活动 D、G 的最迟开始时间。

【问题3】如果活动 B 拖延了 4 天，则该项目的工期会拖延几天？请说明理由。

【参考答案】

【答问题1】

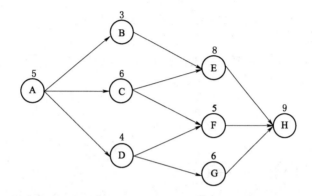

关键路径是：ACEH。

总工期是：5＋6＋8＋9＝28（天）。

【答问题2】

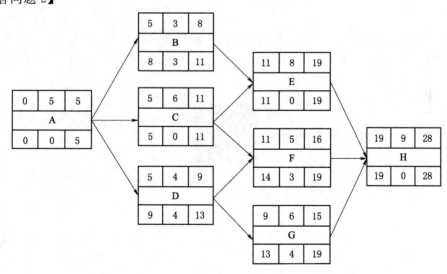

（1）方法一：B、C、D 的总浮动时间，直接取七格图中下层中间的数，分别为：3 天、0 天、4 天。

方法二：可以根据第一个图（带圆圈的单代号网络图）计算。

B 的总浮动时间＝关键路径的工期减去 B 所在的最长路径的工期＝28－25＝3（天）。

C 的总浮动时间＝关键路径的工期减去 C 所在的最长路径的工期＝28－28＝0（天）。

D 的总浮动时间＝关键路径的工期减去 D 所在的最长路径的工期＝28－24＝4（天）。

（2）B 的自由浮动时间＝在不影响 B 的后续任何活动的情况下，B 能休息多久＝11－8＝3（天）。

C 的自由浮动时间＝在不影响 C 的后续任何活动的情况下，C 能休息多久＝11－11＝0（天）。

D 的自由浮动时间＝在不影响 D 的后续任何活动的情况下，D 能休息多久＝9－9＝0（天）。

（3）D 的最迟开始时间是：第 9 天晚上或第 10 天早上。

G 的最迟开始时间是：第 13 天晚上或第 14 天早上。

【答问题 3】如果活动 B 拖延了 4 天，则 B 的活动时间变成 7 天，如下图所示。

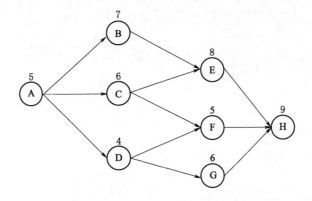

此时，新的关键路径是：ABEH。新的总工期是：5＋7＋8＋9＝29（天）。

而原来的工期是 28 天，因此：新的总工期比原来的工期而言，拖延 1 天。因为关键路径时长多了 1 天。

精彩讲解请扫描二维码观看。

高频核心考点 268：进度压缩和成本变化

计算题的考试当中，往往会让你对工期进行压缩。压缩工期会导致关键路径发生变化，同时也会导致活动的成本变化。

高频指数 ★★★★

速记方法

压缩路径最关键的一点，就是把所有的路径全部罗列出来，对比。

真题再现

张某是 Simple 公司的项目经理，有着丰富的项目管理经验，最近负责某电子商务系统开发的项目管理工作。该项目经过工作分解后，范围已经明确。为了更好地对其他项目的开发过程进行监控，保证项目顺利完成，张某拟采用网络计划技术对项目进度进行管理。经过分析，张某得到了一张工作计划表，如下所示：

工作代号	紧前工作	计划工作历时/天	最短工作历时/天	每缩短一天所需增加的费用/万元
A	—	5	4	5
B	A	2	2	
C	A	8	7	3
D	B、C	10	9	2
E	C	5	4	1
F	D	10	8	2
G	D、E	11	8	5
H	F、G	10	9	8
每天的间接费用 1 万元				

张某的工作计划得到了公司的认可，但是项目建设方（甲方）提出，因该项目涉及融资，希望建设工期能够提前 2 天，并可额外支付 8 万元的项目款。张某将新的项目计划上报给了公司，公司请财务部估算项目的利润。

【问题 1】（1）请完成此项目的单代号网络图（普通单代号网络图）。

（2）指出项目的关键路径和工期。

【问题 2】请简要分析张某应如何调整工作计划，才能既满足建设方的工期又尽量节省费用。

【问题3】财务部估算的项目利润因工期提前变化了多少？为什么？

【参考答案】

【答问题1】

(1)

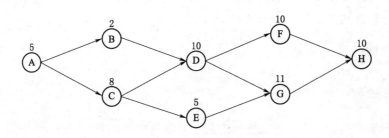

(2) 关键路径是：ACDGH。

总工期是：5+8+10+11+10＝44（天）。

【答问题2】先列出所有的路径和对应的工期，如下：

(1) ABDFH：37。

(2) ABDGH：38。

(3) ACDFH：43。

(4) ACDGH：44。

(5) ACEGH：39。

由路径（3）和（4）可知，只能压缩 A 或 C 或 D 或 H，且每个活动只能压缩 1 天，对比得知，C、D 的成本最少，所以 C、D 各压缩 1 天。

【答问题3】C、D 各压缩 1 天，导致：

增加成本：2 万＋3 万＝5 万元（赶工需另外支付的加班费）。

减少成本：1 万＋1 万＝2 万元（每天的安保、管理费用）。

客户给的：8 万元。

因此，利润增加了 5 万元（8 万＋2 万－5 万＝5 万元）。

精彩讲解请扫描二维码观看。

高频核心考点 269：EV、PV、AC 曲线的绘制

计算题的考试当中，有时会让你把 EV、PV、AC 的曲线绘制出来，这是基本功，需要对基本概念非常熟悉。

高频指数 ★★★

速记方法

注意：每条曲线（直线），除了原点之外，只需再确定另一个点，即可绘制。

真题再现

某大楼布线工程基本情况为：一层到四层，必须在低层完成后才能进行高层布线。每层工作量完全相同。项目经理根据现有人员和工作任务，预计每层需要一天完成。项目经理编制了布线进度计划，并在 3 月 18 号工作时间结束后对工作完成情况进行绩效评估，见下表。

		2011-3-17	2011-3-18	2011-3-19	2011-3-20
计划	计划进度任务	完成第一层布线	完成第二层布线	完成第三层布线	完成第四层布线
	预算/元	10000	10000	10000	10000
实际绩效	实际进度	完成第一层布线			
	实际花费/元	8000			

【问题 1】请计算 2011 年 3 月 18 日时对应的 PV、EV、AC、CPI 和 SPI，并分析当前绩效。

【问题 2】根据当前绩效，在下图中划出 AC 和 EV 曲线。

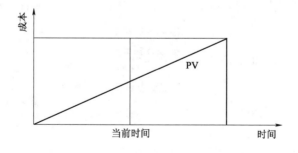

【问题 3】（1）如果在 2011 年 3 月 18 日绩效评估后，找到了影响绩效的原因，并纠正了项目偏差，请计算 ETC 和 EAC，并预测此种情况下的完工日期。

（2）如果在 2011 年 3 月 18 日绩效评估后，未进行原因分析和采取相关措施，仍按目前状态开展工作，请计算 ETC 和 EAC，并预测此种情况下的完工日期。

【参考答案】

【答问题 1】

PV＝20000（元）。

EV＝10000（元）。

AC＝8000（元）。

CPI＝EV÷AC＝10000÷8000＝1.25，成本节省。

SPI＝EV÷PV＝10000÷20000＝0.5，进度落后。

【答问题 2】

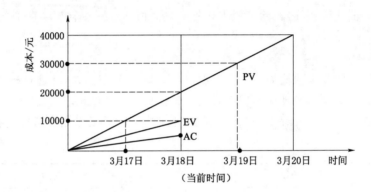

【答问题 3】

（1）非典型情形：

$$ETC＝BAC－EV＝40000－10000＝30000（元）$$

$$EAC＝ETC＋AC＝30000＋8000＝38000（元）$$

完工日期：2 天＋3 天＝5 天，历经 3 月 17—21 日，即 3 月 21 日完工。

（2）典型情形：

ETC＝（BAC－EV）/CPI＝（40000－10000）/1.25＝30000/1.25＝24000（元）

$$EAC＝ETC＋AC＝24000＋8000＝32000（元）$$

完工日期＝原计划工期/SPI＝4/0.5＝8（天），历经 3 月 17—24 日，即 3 月 24 日完工。

精彩讲解请扫描二维码观看。

高频核心考点 270：进度落后、成本超支的绘图

计算题的考试当中，有时会让你把进度落后的时间差和成本超支的成本差在图形当中绘制出来，这同样也是基本功，需要对基本概念非常熟悉。

高频指数　★★★

速记方法

注意：

（1）最后完工的时候，EV＝BAC，这里的 BAC 代表原计划的工作量的计划价值。

（2）最后完工的时候，AC＞BAC，这里的 BAC 代表原计划的工作量的计划花销。

真题再现

某项目 6 个月的预算见下表（单位：元）。表中按照月份和活动给出了相应的 PV 值，当项目进行到 3 月底时，项目经理组织相关人员对项目进行了绩效考评，考评结果是完成计划进度的 90%。

活动	1月	2月	3月	4月	5月	6月	活动PV	活动EV
编制计划	4000	4000					8000	①
需求调研		6000	6000				12000	
概要设计			4000	4000			8000	②
数据设计				8000	4000		12000	
详细设计					8000	2000	10000	
月度PV	4000	10000	10000	12000	12000	2000		
月度AC	4000	11000	11000					

【问题 1】请计算 3 月底时，表中①、②处的值以及项目的 SPI、CPI、CV、SV 值。

【问题 2】如果项目按照当前的绩效继续进行，请预测项目的 ETC（完成时尚需估算）和 EAC（完成时估算）。

【问题 3】请评价项目前 3 个月的进度和成本绩效。

【问题 4】假设项目按照当前的绩效进行直至项目结束，请在下图中画出从项目开始直到结束时的 EV 和 AC 的曲线，并在图中用相应的线段表明项目完成时间与计划时间的差（用"t"标注）、计划成本与实际成本的差（用"c"标注）。

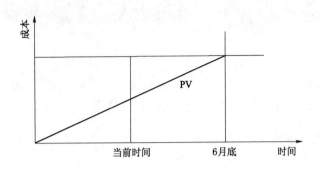

【参考答案】

【答问题 1】3 月底，完成计划的 90%，即 EV＝（4000＋10000＋10000）×90%＝21600（元）。

①的值是：8000（元）。②的值是 1600（元）：21600－（4000＋4000＋6000＋6000）＝1600（元）。

注意：由于是 F－S 的逻辑关系，就是完成-开始的关系，比如，2 月的编制计划 4000 做完之后，才能做需求调研的 6000，后面以此类推。

$$PV＝4000＋10000＋10000＝24000（元）$$
$$AC＝4000＋11000＋11000＝26000（元）$$
$$SPI＝EV/PV＝21600/24000＝0.9＝90\%$$
$$CPI＝EV/AC＝21600/26000＝0.83077＝83.077\%$$
$$CV＝EV－AC＝21600－26000＝－4400（元）$$
$$SV＝EV－PV＝21600－24000＝－2400（元）$$

【答问题 2】典型情形：
$$ETC＝(BAC－EV)/CPI＝(4000＋10000＋10000＋12000＋12000＋2000$$
$$－21600)/(21600/26000)＝34185.19（元）$$
$$EAC＝ETC＋AC＝34185.19＋26000＝60185.19（元）$$

【答问题 3】
CV＝EV－AC＝21600－26000＝－4400（元），因 CV＜0，成本超支。
SV＝EV－PV＝21600－24000＝－2400（元），因 SV＜0，进度落后。

【答问题 4】典型情形：
$$完工日期＝原计划工期/SPI＝6/0.9＝6.67（月）$$
进度落后的时间差和成本超支的成本差，如下图所示。

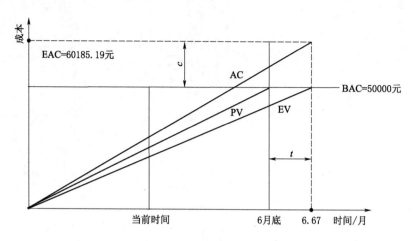

EAC=60185.19元

BAC=50000元

成本

AC

PV   EV

c

t

当前时间   6月底   6.67   时间/月

精彩讲解请扫描二维码观看。

第四部分

案例常见考点与答题技巧

高频核心考点271~272

高频核心考点 271：案例常见考点

在考试当中，案例题常见的考点或知识模块主要有：立项管理、招投标、合同管理、采购管理、整体管理、范围管理、变更管理、配置管理、收尾管理、质量管理、风险管理、人力资源管理、沟通管理、干系人管理、信息系统相关知识及服务管理、其他综合类。

显而易见，这些知识模块，都是前面第一部分（信息化、信息系统、信息安全管理）、第二部分（项目管理）的知识内容，是前面内容的另一种形式的再现。所以，第四部分（案例常见考点与答题技巧）的内容，主要体现在答题技巧方面。

 高频指数 ★★★★★

速记方法

等同于前面第一部分（信息化、信息系统、信息安全管理）和第二部分（项目管理）对应的内容。

真题再现

（1）简述风险应对的常用措施。

（2）简述成功团队的特征。

（3）简述可行性分析的内容。

（4）规划质量管理的输入是什么？

（5）规划质量管理的输出是什么？

（6）风险控制的内容是什么？

......

其他，比如，第二版中级教材《系统集成项目管理工程师教程》（见参考文献［1］）第 23 章（612～655 页）。

【参考答案】（略）等同于前面第一部分（信息化、信息系统、信息安全管理）和第二部分（项目管理）对应的内容。

精彩讲解请扫描二维码观看。

高频核心考点 272：案例答题技巧

由于案例是主观题，所以并不见得所有的问题都有标准答案。案例的材料当中，往往会给出一两段文字，在这两段文字里，描述了项目经理做项目的一些具体操作，但是这些操作都是不规范、有问题的，同时也都是显而易见的问题。常见考点：①项目经理张三在项目××管理中存在哪些问题？②项目经理张三正确的做法应该怎么做？③一些教材上需背诵的知识点（如成功团队的特征是什么？等等）。每个题目有6~8分可以完全按照教材上背诵的知识点答题，其余的问题都是很主观的。这里，从6个角度介绍案例题的一些答题技巧。

（1）人：知识、意识、水平、经验。

1）张三在项目管理方面特别是××管理方面，缺乏理论知识，缺乏运用科学管理手段来管理项目的意识，缺乏项目管理的相关经验。

2）张三应该加强目管理方面特别是××管理方面的理论知识学习，提高运用科学管理手段来管理项目的意识，同时注意不断实践，积累项目管理的经验。

（2）过程。47个过程，如建设项目团队、管理沟通、识别干系人……

1）张三在项目管理当中，缺乏一些必要的过程：没有进行建设项目团队，没有识别干系人……

2）张三在项目管理当中，应该积极地进行一些必要的过程：建设项目团队，识别干系人……

（3）工具与技术。如责任分配矩阵、干系人参与评估矩阵、配置审计、采购审计、风险审计、质量审计……

1）张三没有充分运用责任分配矩阵、干系人参与评估矩阵、配置审计、采购审计、风险审计、质量审计……

2）张三应该充分运用责任分配矩阵、干系人参与评估矩阵、配置审计、采购审计、风险审计、质量审计……

（4）重要的项目文件。如风险登记册、干系人登记册、问题日志、资源日历、项目日历、里程碑清单……

1）张三没有形成风险登记册、干系人登记册、问题日志、资源日历、项目日历、里程碑清单等必要的项目文件。

2）张三应该形成风险登记册、干系人登记册、问题日志、资源日历、项目日历、里程碑清单等必要的项目文件。

（5）流程。如变更的流程、WBS分解的流程（步骤）、成本估算的流程（步骤）、成本预算的流程（步骤）、合同索赔的流程……

1）张三没有遵循变更的流程、WBS分解的流程（步骤）、成本估算的流程（步骤）、成本预算的流程（步骤）、合同索赔的流程……

2）张三应该遵循变更的流程、WBS 分解的流程（步骤）、成本估算的流程（步骤）、成本预算的流程（步骤）、合同索赔的流程……

（6）当小作文自由发挥。紧密结合材料用自己的话展开……

精彩讲解请扫描二维码观看。

参 考 文 献

[1]   谭志彬，柳纯录．系统集成项目管理工程师教程［M］．2 版．北京：清华大学出版社，2016.
[2]   谭志彬，柳纯录．信息系统项目管理师教程［M］．3 版．北京：清华大学出版社，2017.